TTEN
ROSENBOGEN
VORGARTEN
SCHIEFERWEG

Isabelle Van Groeningen ist in Antwerpen aufgewachsen und studierte an den renommierten Royal Botanic Gardens of Kew in London Gartenkultur, mit anschließender Promotion an der Universität York zur Gartenhistorikerin. Sie verfügt über jahrzehntelange weltweite Erfahrung als Pflanzplanerin. Seit 2008 leitet sie die Gartenschule an der Königlichen Gartenakademie in Berlin-Dahlem, die sie gemeinsam mit Gabriella Pape im selben Jahr gegründet hat. Für ihr Buch *Die sieben Jahreszeiten* wurde sie 2022 mit dem Deutschen Gartenbuchpreis ausgezeichnet.

Zuletzt erschienen:
Die sieben Jahreszeiten (it 5024)

ISABELLE VAN GROENINGEN

Mein wunderbarer Cottage-Garten

Glück im Einklang mit der Natur

Mit Illustrationen von Polly Wickham
und Fotografien der Autorin

INSEL VERLAG

Erste Auflage 2025
Originalausgabe

Foto auf S. 253: Jane Sebire
Autorenfoto: © Daniela David/dpa/picture-alliance
Umschlaggestaltung: Katharina Stein, Berlin
Satz: Greiner & Reichel, Köln
Druck und Bindung: Pustet, Regensburg
Printed in Germany
ISBN 978-3-458-64480-4

Insel Verlag Anton Kippenberg GmbH & Co. KG
Torstraße 44, 10119 Berlin
info@insel-verlag.de
www.insel-verlag.de

Mein wunderbarer Cottage-Garten

Glück im Einklang mit der Natur

INHALT

I. Einführung

Das Gärtnern ist seit meiner frühen Kindheit Teil meines Lebens. Ich kann mich nicht erinnern, wann ich angefangen habe, mich für Pflanzen zu interessieren, es war von Anfang an einfach da. Meine ersten gärtnerischen Experimente unternahm ich in meinem Sandkasten, wo ich viele glückliche Stunden damit zubrachte, kleine Gärten anzulegen, Samen auszusäen und zu pflanzen. In den Sommermonaten war ich barfuß, in Shorts und T-Shirt, im Winter eingepackt in einen warmen Mantel und mit Gummistiefeln an den Füßen. Ich watete durch Gräben, baute Höhlen in riesigen Rhododendren, indem ich ihre wunderbar geformten Äste als Stützbalken nutzte, um ein Dach zu bauen.

Mein Vater war ein begeisterter Gärtner und Pflanzenliebhaber, und so verbrachten wir die Wochenenden und Schulferien gemeinsam im Garten. Wir säten Blumen, pflanzten Kräuter und Gemüse, ernteten Himbeeren, siebten Lauberde und Kompost, entfernten verblühte Staudenblüten und schnippelten Stängel für den Komposthaufen klein.

Als ich sechs Jahre alt war, hielten meine Eltern mich für alt genug, um keinen Strandurlaub mehr zu brauchen, und begannen, mit meiner Schwester und mir ins Ausland zu reisen. In Italien, Frankreich, England oder Schottland sahen wir uns Schlösser, Kirchen und historische Stätten an. Und natürlich auch immer Gärten und die eine oder andere Gärtnerei. Einige Tage vor meinem sechsten Geburtstag waren wir in Rom, wo ich mich in den Trevi-Brunnen verliebte. Wenige Tage später war es der prächtige und zugleich spielerische Umgang mit Wasser in der Villa Lante, der meine Fantasie anregte. Ich erinnere mich an die Form der riesigen Steinkiefern, die die Straße säumten, als wir den Flughafen von Rom verließen, und an köstliche *Pasta con aglio e olio*. Im folgenden Jahr stand unsere erste Englandreise an. Die College-Gärten in Cambridge hinterließen bei mir einen bleibenden Eindruck mit ihren tadellos gepflegten Rasenflächen und ihren makellosen, riesigen Staudenrabatten, in denen üppig Rittersporn blühte. Aber noch mehr liebte ich die vier quadratischen Staudenbeete in Blickling Hall von Norah Lindsay, einer berühmten Gartengestalterin, die mit mächtigen Eibensäulen umrahmt waren. So schlenderte ich gerne durch herrliche Gärten und bewunderte die Pracht, die Schönheit und die Farben von Crathes Castle, Inverewe, Sissinghurst, Monets Garten und vielen anderen. Ich besuche sie bis heute immer wieder gerne und entdecke jedes Mal neue Details. Wenn wir von unseren Reisen zurückkamen, brachten wir nicht nur Pflanzen und Samen mit zurück nach Belgien, sondern auch den gut gefüllten Notizblock meines Vaters, der Inspiration für die kommenden Monate, wenn nicht sogar Jahre bot.

Ich schätze mich sehr glücklich, dass ich in einem großen Garten aufgewachsen bin. Ursprünglich war er ein Waldstück, das einst zu einem großen Anwesen gehörte, und wurde von einer majestätischen Buchenallee durchzogen. Das Haus stand auf einer Lichtung, die genügend Sonne für einen Rasen, ein großes Staudenbeet sowie einen großen Obst- und Gemüsegarten bot. Der Nachteil war, dass wir auf Heideland gärtnerten. Hellgrauer Sand mit einem niedrigen pH-Wert, der für viele Pflanzen intolerabel ist, es sei denn, sie gehören zu den Heidekrautgewächsen wie zum Beispiel Rhododendren und Pieris. Alles, was wir anpflanzten, bekam also reichlich Kompost, Lauberde und meist auch eine ordentliche Dosis gut verrotteten Kuhmist untergemischt. Anders hätten es viele Pflanzen dort nicht lange ausgehalten.

Der Garten wurde nie formal angelegt, sondern wuchs und entwickelte sich mit der Zeit. Der Gemüsegarten wurde vergrößert, und als meine Schwester und ich heranwuchsen und der Bedarf an einem Spielrasen immer geringer wurde, wurde ein zweites Staudenbeet angelegt und das bestehende Beet erweitert, um großzügigere Pflanzflächen zu schaffen. Ein neues Kräuterbeet wurde in der Nähe der Küche angelegt. Im Laufe der Jahre wurde die Wildnis zunehmend gezähmt.

Mit seinem halbwilden Charme hatte unser Garten mehrere Merkmale eines Cottage-Gartens: Wir ernährten uns von der eigenen Ernte; bis auf Kartoffeln und Zwiebeln gab es vom Frühjahr bis spät in den Herbst ein abwechslungsreiches Angebot. Die Staudenbeete waren prall gefüllt mit klassischen Cottage-Garten-Stauden wie Rittersporn, Pfingstrosen und duftendem Phlox. Nicht nur Kräuter und Gemüse, sondern auch der Sommerflor für die Kübel und viele der Gehölze und Stauden fingen ihr Leben als zarte Sämlinge und kleine Stecklinge an. Mein Vater hatte sich im Laufe der Jahre eine beachtliche

Gartenbibliothek zugelegt und schätzte, wie viele Gartenbesitzer seiner Generation, besonders die Bücher von Margery Fish über ihren Cottage-Garten. Er mochte ihre pragmatische Herangehensweise und ihre zeitlosen Ratschläge, die vielen Menschen durch die Irrungen und Wirrungen der Gartenarbeit geholfen haben.

In diesen frühen Jahren wurde der Grundstein für mein gärtnerisches Wissen und Denken gelegt: mit der Natur zu arbeiten, statt gegen sie zu kämpfen, die Natur im Garten zuzulassen. Wie wichtig es ist, Unterschlupfmöglichkeiten für Vögel und andere Tiere zu schaffen, den Boden zu pflegen und eine breite Palette von Pflanzen anzubauen, um sich das ganze Jahr über an der Vegetation freuen zu können. Von klein auf waren mir botanische Grundlagen geläufig – ich kann mich nicht erinnern, dass sie mir jemals »beigebracht« wurden. Sie waren Teil meines Lebens, solange ich denken kann.

Dieses Fundament an Garten- und Pflanzenwissen wurde in den fünf intensiven Ausbildungsjahren gefestigt, für die ich im zarten Alter von achtzehn Jahren nach England zog. Mein Studium an den Royal Botanic Gardens of Kew in London vermittelte ein umfangreiches botanisches Wissen, auf das ich bis heute zurückgreife. Der Diplomkurs war hart, aber ausgezeichnet. Drei intensive Trimester mit Vorlesungen zu allen gärtnerischen und botanischen Themen wurden durch sechsmonatige Praktikumsblöcke in den verschiedenen Abteilungen der Gärten unterbrochen. Weitere Vorlesungen an den Abenden, vierzehntägige Pflanzenbestimmungstests und eine ständige Abfolge von Prüfungen hielten uns auf Trab. Als ich 1988 meinen Abschluss machte, hatte ich nicht nur mein begehrtes *Kew Diploma in Horticulture* (Gartenkultur) in der Tasche, sondern auch die zusätzlich erforderlichen zwei Jahre Berufserfahrung. Das erste Pflichtpraktikum, das ich absolvierte, bevor ich in Kew anfangen durfte, fand in Wisley, dem berühmten Garten der Royal Horticultural Society, statt, im Bereich der Staudenrabatten, im Rosen- und Steingarten. Das zweite Pflichtpraktikumsjahr absolvierte ich in Jack Drakes alpiner Gärtnerei in den schottischen Highlands und in der Darthuizer Baumschule in den Niederlanden. Weitere Praktika im Arboretum Kalmthout in Belgien und im Botanischen Garten von Montreal ergänzten meine praktische Ausbildung.

Während meines Studiums in Kew habe ich auch meine Frau Gabriella Pape – die dort ebenfalls studierte – kennengelernt, mit der ich im Dezember

1988, drei Monate nach unserem Studienabschluss, von London in die Cotswolds zog. Dort hatte ich eine Stelle als Assistentin für die vier Gartenberater des National Trust bekommen. Wir fanden ein Cottage im malerischen Dorf Coleshill – zunächst ein kleineres ohne großen Garten, bis wir dann fünf Jahre später in das Cottage mit dem weitläufigeren Garten, der in diesem Buch beschrieben ist, umzogen.

Coleshill – die Anfänge

Die Zeit stand still in diesem einzigartigen Gutsdorf, das etwa dreißig Jahre zuvor, kurz nachdem das Haupthaus abgebrannt war, in die Hände des National Trust übergegangen war. Zu dieser Zeit war es immer noch das Gutsdorf, als das es seit Jahrhunderten bestand. In vielen Häusern wohnten noch immer Menschen, die auf dem Gut oder den umliegenden Bauernhöfen arbeiteten, um das Land zu bewirtschaften und die Gebäude zu pflegen – Landarbeiter, Förster, Bauarbeiter, Wildhüter, Elektriker oder Maler. Einige von ihnen lebten schon ihr ganzes Leben lang hier und hatten bemerkenswert wenig von der Welt gesehen. Als ein Nachbar hörte, wie wir miteinander Englisch sprachen, fragte er uns eines Tages: »Warum sprecht ihr nicht eure eigene Sprache?« Die Tatsache, dass Gabriella und ich aus zwei verschiedenen Ländern kamen – ich aus Belgien, sie aus Deutschland – und jede eine andere Muttersprache sprach, war für ihn unbegreiflich.

Einige unserer Nachbarn bewirtschafteten ihre Gärten noch in der jahrhundertealten Tradition, was bedeutete, dass es hauptsächlich darum ging, die Familie zu ernähren. Die Browns – zwei in Coleshill geborene Brüder, die mit ihren Frauen ein paar Häuser weiter von uns wohnten – bauten Kartoffeln, Kohl, Rosenkohl, Erbsen, Stangen- und Saubohnen, Zwiebeln, Möhren, Rüben, Lauch und Salate an. Neben ihrem stets tadellos gepflegten Gemüsegarten, der von ein paar Obstbäumen umgeben war, stand ein alter Schweinestall, in dem einer von ihnen Hühner hielt. Ein bescheidenes Beet mit blühenden Pflanzen sorgte für etwas Farbe. Als wir ihnen einmal einige unserer überzähligen Topinamburknollen anboten, kam die Antwort: »Nein, danke. Meine Frau und ich mögen das nicht. Wir kennen es nicht.«

Die alte Parklandschaft legt sich wie ein Schal um den Garten, wo Coleshill House stand, bevor es von einem Brand zerstört wurde. Von hier aus blickt man in die Ferne auf den Ridgeway.

Das Dorf Coleshill liegt in Oxfordshire, auf einem kleinen Hügel im Themse-Tal. Er gehört zu einer Reihe von drei Hügeln, ehemaligen Korallenfelsen. Einst war es ein großes Anwesen mit einem schönen Herrenhaus inmitten einer herrlichen Parklandschaft, einer Kirche, Ställen, einem großen ummauerten Obst- und Gemüsegarten, einem Modellbauernhof, einer Wassermühle, einer Bäckerei, einem Hufschmied und einer Schule, umgeben von etwa sechzig Cottages. Der größte Teil des Dorfes wurde in der zweiten Hälfte des 19. Jahrhunderts neu erbaut. Dem Earl of Radnor war es wichtig, dass seine Landarbeiter eine angemessene Unterkunft bekamen und sich selbst versorgen konnten. Er baute die Cottages und gab jedem Pächter einen Garten, der groß genug war, um seine Familie das ganze Jahr über zu ernähren. Zu jeder Parzelle gehörte auch ein Schweinestall und jedes Haus hatte eine eigene Außentoilette. Der Bauernhof wurde nach höchsten Standards umgebaut und mit modernster Technik ausgestattet, einschließlich dampfbetriebener Geräte, um die Arbeit auf dem Hof leichter und effizienter zu machen.

In dieser frühen Phase meines Erwachsenenlebens entdeckte ich, worum es in Cottage-Gärten wirklich geht, und lernte viel über Pflanzen. In diesem kleinen, einzigartigen Dorf lebten wir wie in einem Bilderbuch aus dem 19. Jahrhundert. In einer solchen Umgebung war es völlig selbstverständlich, einen Garten anzulegen, der sich in seine Umgebung einfügt und zwischen den alten Cotswold-Steinmauern und den dicken Buchsbaumhecken, die dort schon seit weit über einem Jahrhundert wuchsen, perfekt eingebettet ist.

Die Inspiration für diesen Garten war leicht zu finden. Nicht nur die Gärten unserer Nachbarn, sondern auch die der Nachbardörfer haben uns Anregungen geliefert. Wenn wir nicht in unserem Garten arbeiteten, verbrachten wir unsere freien Tage damit, andere Gärten zu besuchen. In den Cotswolds gibt es einige der schönsten Gärten Großbritanniens, aber wir wagten uns auch weiter weg und fuhren an den Wochenenden nach Kent, Sussex und Somerset.

Zu den Gärten, die uns besonders gefielen, kehrten wir regelmäßig zu verschiedenen Jahreszeiten zurück, um zu sehen, wie sich die Bepflanzung im Laufe der Monate entwickelte. Die rote Rabatte, Mrs Winthrops Garten sowie die Beete im Alten und Weißen Garten in Hidcote, die violetten Staudenrabatten, der Cottage-, Rosen- und Weiße Garten in Sissinghurst, die einzigartigen Farbrabatten in Hadspen, aber auch bescheidenere Bepflanzungen wie die Beete in Snowshill Manor, einem kleinen Dorf in den Cotswolds, haben wir auf hunderten von Dias festgehalten. Die Wintermonate verbrachten wir damit, diese zu studieren, um die Pflanzen zu bestimmen und die Bepflanzung zu analysieren. Ihre Positionierung und Wiederholung, die Gruppengröße der Stauden und ihr Maßstab, aber vor allem die Abfolge unterschiedlicher Pflanzen lehrten uns in diesen frühen Jahren eine Menge, beispielsweise, welche Pflanze nach dem Verblühen einer anderen deren Platz einnimmt, ohne eine klaffende Lücke im Beet zu hinterlassen.

Was ist ein Cottage-Garten?

Das Konzept des Cottage-Gartens stammt bekanntlich aus Großbritannien und könnte noch am ehesten mit einem deutschen Bauerngarten verglichen werden. Sie gehörten zu den Häusern, die im Mittelalter von den sogenannten *Yeomen* (Freibauern, Pächter) bewohnt wurden. Sie mussten sich selbst versorgen und ausreichend Lebensmittel erwirtschaften, um die Familie das ganze Jahr über zu ernähren. Ein großer Teil dieser Gärten war dem Anbau von Gemüse, Obst und Kräutern gewidmet. In den Wintermonaten waren die Menschen auf ihre eingelagerten Kartoffeln, auf Wurzelgemüse wie Möhren und Kohlrüben, Zwiebeln und Kohlköpfe angewiesen. Obst wurde eingemacht oder getrocknet, und Äpfel wurden für den Winterkonsum gelagert.

Doch die Gärten waren nicht nur mit Obst und Gemüse bepflanzt – ein Teil war auch immer den blühenden Pflanzen gewidmet. Viele davon waren zugleich Kräuter. Sie dienten zum Würzen der Speisen, waren aber auch ein fester Bestandteil der Hausapotheke und wurden als Hausmittel verwendet, beispielsweise um Ungeziefer fernzuhalten, zum Reinigen und um einen angenehmen Duft zu verbreiten, der andere Gerüche kaschieren sollte. Dazu wurden sie mitunter einfach auf dem Boden verstreut. Beim Zertreten setzen sie ihre ätherischen Duftstoffe frei. Auch zum Färben von Stoffen wurden sie benutzt.

Andere Pflanzen bekamen ihrer Symbolik wegen ein Plätzchen im Beet. Die Rose galt damals schon als Königin der Blumen, im Mittelalter gar als Symbol der göttlichen Liebe. Die weiße Lilie steht für Reinheit und Schönheit. Aber auch wesentlich bescheidenere Blumen wie Ringelblumen und Veilchen wurden kultiviert. Viele der Pflanzen waren einheimische Gewächse wie Fingerhut und Schlüsselblumen, die die Menschen in den umliegenden Wiesen oder im Wald ausgegraben hatten. Besonders beliebt waren Pflanzen, die sich gut aus Saatgut ziehen lassen.

Auch Tiere waren in der Regel fester Bestandteil dieser Gärten: Kaninchen und Hühner gehörten dazu, manchmal auch ein Schwein. Während sie Milch, Eier, Fleisch, Federn und Fell lieferten, gab es auch Bienenstöcke für den Honig.

In Zentrum englischer Dörfer und sogar in Städten gab es meist gemeinschaftliche Grünflächen, sogenannte »commons« – was so viel bedeutet wie »Gemeindeland« –, wo jeder seine Tiere grasen lassen durfte, seien es Pferde, Esel, Kühe, Schafe oder Ziegen. Manche öffentlichen Grünflächen tragen das noch heute im Namen, Clapham Common in London ist ein prominentes Beispiel. Wenn die Tiere durchs Dorf getrieben wurden, fraßen sie aber auch gerne hier und da am Wegesrand, knabberten an den Büschen und Blumen der Gärten, an denen sie vorüberkamen. Deshalb wurden die Vorgärten üblicherweise mit einem Zaun oder einer Hecke eingegrenzt.

Früher tauschten die Gartenbesitzer miteinander Pflanzen aus, sie gaben Samen oder Stecklinge weiter oder teilten ihre Stauden. Die Auswahl an Pflanzen war im Vergleich zu der riesigen Vielfalt, die es heute gibt, noch sehr bescheiden. Im Laufe des 19. Jahrhunderts wurden alle vier Ecken der Welt zugänglich, und Pflanzenjäger brachten neue und spannende Pflanzen mit nach Europa. Da das Reisen immer einfacher und schneller wurde, nahm die Vielfalt neuer Arten zu, was Ende des 19. Jahrhunderts zu einem florierenden Handel seitens neugegründeter Baumschulen und Gärtnereien führte.

Obwohl die wohlhabenderen Gesellschaftsschichten es sich leisten konnten, neue Pflanzen zu kaufen, wurde die uralte Tradition des Austauschs von Pflanzen weiter fortgesetzt. Laurence Johnston aus Hidcote, Vita Sackville-West aus Sissinghurst und Bobbie James aus St. Nicholas in Yorkshire waren enge Freunde und tauschten in regelmäßigem Briefwechsel Ideen und auch Saat oder Pflanzen aus.

Auch heute gehört es zum Vergnügen der Gartenarbeit, Pflanzen selbst zu vermehren, sei es nun durch Samen, Stecklinge oder durch Teilen. Es macht mir immer große Freude, wenn ich Bekannten einen meiner Schätze schenken kann.

Der Wandel vom rein funktionellen Nutzgarten zum blumenreichen, romantischen Garten

Im Zeitalter des Romantizismus im 19. Jahrhundert veränderten sich die Cottage-Gärten. Nicht nur die Arbeiterklasse wohnte nun in Cottages, sondern auch die Gutbetuchten hatten diese romantischen Orte für sich entdeckt. Nachdem im 18. Jahrhundert Landschaftsparks *en vogue* waren, folgte nun eine Zeit altmodischer, blumengefüllter Gärten, der romantischen sogenannten *Cottage Orné*: Reetgedeckte Fachwerkhäuser und Wohnhäuser im neogotischen Stil wurden umgeben mit schmucken, teils exzentrischen Formschnittgehölzen, umrahmt von einem bunten Blumenmeer.

Sie waren auch beliebte Motive in der Kunst: Beatrice Parson, Arthur Claude Strachan und Helen Allingham malten diese Idyllen, gerahmt von Stockrosen, Pfingstrosen, Rittersporn und Lilien. Bücher und sogar eine Zeitschrift, *The Cottage Gardener*, wurden veröffentlicht, mit praktischen Ratschlägen und Pflanzenempfehlungen. Die Selbstversorgerfunktion dieser Gärten rückte immer mehr in den Hintergrund, während der dekorative Aspekt zunahm.

Auch die Arts-and-Crafts-Bewegung, die Design und Architektur zwischen 1870 und 1920 stark prägte, unterstützte den Erhalt von Cottage-Gärten sehr. Industrialisierung und Mechanisierung bedrohten die Abschaffung der traditionellen Handwerkskunst, so dass Protagonisten wie William Morris, August Pugin und John Ruskin die Verwendung traditioneller Verfahren und Materialien förderten. Dieser Bewegung ist es zu verdanken, dass viele reizvolle alte Städte und Dörfer in den Cotswolds unversehrt geblieben sind – und mit ihnen ihre traditionellen Gärten.

Große Persönlichkeiten wie Gertrude Jekyll, aber auch Laurence Johnston aus Hidcote und Vita Sackville-West aus Sissinghurst legten Gärten an, die den lokalen Stil respektierten. Sie benutzten Pflanzen, um großartige Gartenbilder zu kreieren, oft mit relativ bescheidenen Mitteln. Einige dieser Gärten zeichnen sich durch die Gliederung in thematische »Räume« durch hohe Hecken aus, die mit wogenden Massen von Blumen im Cottage-Garten-Stil gefüllt waren und in der vorzugsweise auch das eine oder andere Formschnittobjekt einen Platz fand.

Links und rechts der Straße, die sich in Coleshill den Hügel hinaufschlängelt, stehen die Cottages, meist als freistehende Doppelhäuser, gebaut aus lokalem Kalkstein. Jeder Vorgarten eingefasst von einer alten Buchsbaumhecke.

Im Laufe des 20. Jahrhunderts tauchen diese Gartenprinzipien immer wieder auf, und eines der berühmtesten Beispiele ist wohl der Garten von Margery Fish in East Lambrook. Sie kombinierte eine Mischung von zueinander passenden Pflanzen – von Rosen und Clematis über Rittersporn, Nelken, Phlox und Fingerhut bis hin zu sich selbst aussäenden Pflanzen wie Akelei – zu einem unprätentiösen und charmanten Gesamtbild. Ihre Pflanzenauswahl und Gartengestaltung ist bis heute maßgeblich für diesen Gartenstil und hatte auch auf die Gestaltung und Bepflanzung des kleineren, ersten und vor allem unseres zweiten Gartens in Coleshill – um den es in diesem Buch geht – großen Einfluss.

Als ich 1988 nach Beendigung meines Studiums eine Stelle beim National Trust in den Cotswolds antrat, bewarb ich mich dort für ein Cottage und konnte mein Glück kaum fassen, tatsächlich in Coleshill, einem der Dörfer, die der National Trust betreut, ab Dezember 1988 ein Haus mieten zu können: Bouverie Cottage war der ehemalige Lesesaal der Kirche, hatte zwar keinen zugehörigen Garten, aber niemand beanspruchte das umliegende Land. Wir begannen, die ungenutzte Wiese umzugraben und neben dem Haus einen kleinen Blumengarten und einige Gemüsebeete anzulegen. Die kleine Fläche war schnell gefüllt, und so waren wir froh, dass fünf Jahre später, 1993, ein größeres Haus mit weitaus größerem Garten frei wurde und wir dorthin umziehen konnten: ins Cottage Nr. 4, wo wir die nächsten fünfzehn Jahre verbrachten und unseren wunderbaren Garten anlegten.

Ich möchte Ihnen von unseren Anfängen, Fehlern und Misserfolgen erzählen, aber auch von jeder Menge Ideen, deren Umsetzung gelungen ist, und

Im Bouverie Cottage, wo wir zunächst für einige Jahre lebten, legten wir unseren ersten Cottage-Garten an und pflanzten dort schon damals einige unserer Favoriten wie das Riesen-Federgras *Stipa gigantea* und die rote Spornblume.

einer grünen Idylle, die uns viele Jahre ein wunderbares Zuhause war und uns jeden Tag aufs Neue beglückt hat. Und auch davon, wie wir die unkomplizierte Gartentradition englischer Cottages teilweise neu interpretiert haben und warum. Gleich einem Spaziergang wird es in den folgenden Kapiteln um die jeweiligen Gartenbereiche gehen, ihre Funktion, ihren Charakter und ihre unterschiedliche Bepflanzung: vom immerblühenden Vorgarten zum funktionalen »Herz« des Gartens, zu den farbigen Staudenrabatten, dem Nutzgarten und dem entspannten Präriegarten am Ende des Grundstücks, den wir um die sogenannte »Gin-&-Tonic-Terrasse« herum angelegt hatten.

Zudem möchte ich immer wieder auch zeigen, wie erstaunlich aktuell die Grundprinzipien des Cottage-Gartens sind: Was macht diesen Gartenstil gerade jetzt so zeitgemäß? Warum ist er so nachhaltig – und können wir mit dieser Art zu gärtnern zumindest einen kleinen Beitrag zur Bewältigung des Klimawandels beisteuern?

Dieses Buch enthält alles, was mir am Herzen liegt. Es geht um die Geschichte von dem wunderbaren Ort, den wir fünfzehn Jahre lang als unser Zuhause betrachten durften, um das Gärtnern und um das Pflanzen. Es geht darum, wie wir es geschafft haben, ein kahles Stück Land in ein immerblühendes Paradies zu verwandeln, wo Zaunkönig, Eule, Igel und Mensch sich alle wohlgefühlt haben. Ein nachhaltiges Refugium, wo wir mit viel Freude gegärtnert, gefeiert und einfach gelebt haben.

II. Die verschiedenen Gartenbereiche

Coleshill hat nur eine Hauptstraße, und die Häuser sind einfach durchnummeriert. Unten links beginnt es mit Nr. 1, fortlaufend die Dorfstraße hoch, oben angekommen geht die Nummerierung auf der rechten Seite weiter, wieder die Straße hinunter. Als das Haus Nr. 4 des pensionierten Gutsgärtners Drew frei wurde, weil dieser mit seiner Frau Maida in ein Altersheim zog, waren wir begeistert von dem Garten, mehr als vom Haus an sich. Der viel größere Garten als unser bisheriger reizte uns, wir bewarben uns und bekamen den Mietvertrag. In den Wintermonaten 1993/94 zogen wir ein. Wir entfernten den dunklen Linoleumboden und die Neonröhren an der Decke, strichen die Wände hell und rissen den Teppich im Bad heraus. Die Modernisierung von Bad und Küche schoben wir erst einmal auf. Wir wollten uns zunächst mit dem Garten vertraut machen, bevor wir konkret mit der Gartenplanung begannen.

Die Doppelhaushälfte Coleshill Nr. 4, wo wir 1993 einzogen. Die Haustür lag etwas versteckt hinter der Loggia. Rechts, neben dem Gebäude, befindet sich der kleine, bewachsene Anbau, der ehemals die Dorfbäckerei beherbergte.

Im Vorgarten hatte Drew entlang des Weges eine breite Rabatte gepflanzt und vor dem Haus am Rasenrand ein kleines Rosenbeet angelegt. Im hinteren Teil der Rabatte, vor der Hecke des Nachbarn, standen große Sträucher wie Sommerflieder, eine wintergrüne Berberitze,

Berberis darwinii, und eine Escallonia, also ein Andenstrauch. Davor standen rosa Rosen, Stauden und Blumenzwiebeln, die die meiste Zeit des Jahres für Farbe sorgten. Die Rosen am Rasenrand dagegen waren große, starre Gebilde, die alles verkörperten, was ich an Rosen nicht mag. Es sind an sich eher unattraktive Pflanzen mit unnachgiebigen, dicken Stängeln, deren steifer Wuchs keinerlei Anmut oder Charme ausstrahlt. Die Blüten mögen hübsch sein, aber als Pflanze machen sie wenig her, und für reine Roseninseln im Rasen kann man mich nun wirklich nicht begeistern. Da wir einige unserer liebgewonnenen Pflanzen aus dem alten Garten geteilt und in den neuen umgepflanzt hatten und sogar eine besondere Mehlbeere mitbrachten, die mein Vater aus Samen gezogen hatte, füllten wir die Lücken und ersetzten verschiedene Pflanzen durch einige unserer alten Freunde. Das Rosenbeet wurde bald in ein buntes Blumenbeet mit mehreren Stauden und einigen Halbsträuchern umgewandelt, und einige Jahre später, nachdem ein großer, leuchtend grüner Kreis aus Pilzen, ein sogenannter Hexenring, im moosbedeckten Rasen aufgetaucht war, beschlossen wir, dass es höchste Zeit war, den Rasen komplett umzugraben und den gesamten Vorgarten in einen blühenden Cottage-Garten zu verwandeln, der das ganze Jahr über Farbe und Freude bieten würde.

Der Gartenbereich hinter dem Cottage war ein unbeschriebenes Blatt. Der lange, schmale, etwa 750 Quadratmeter große Garten war fast völlig kahl, abgesehen von ein paar Obstbäumen und Sträuchern und einem schmalen Rasenweg, der sich über die gesamte Länge des Gartens erstreckte und ihn in zwei ungleiche Hälften teilte. Da unser Einzug in den Winter fiel, hatten Drew und Maida das letzte Gemüse bereits abgeerntet, so dass nur noch die Obststräucher und -bäume und ein kleines Frühbeet trostlos herumstanden. Der Rest war nackte, schwarze, schwere Erde. Jedes Mal, wenn wir hinausschauten, blickte sie uns vorwurfsvoll an und erinnerte uns ständig daran, dass sie darauf wartete, umgegraben zu werden (damals wussten wir noch nicht, dass das dem Boden eher schadet als nützt), um die Aussaat und das Pflanzen der ersten Setzlinge vorzubereiten.

Anstatt einen Masterplan für die gesamte Fläche zu erstellen, wuchs und entwickelte sich der Garten im Laufe der Jahre mit unseren Bedürfnissen. Zunächst pflanzten wir Hecken, um den Garten einzufassen und zu gliedern. Zwei

Drittel der Ostgrenze waren von einer alten Weißdorn- und Ligusterhecke umgeben, entlang der Westgrenze gab es nur einen Holzzaun. Hier haben wir junge Rotbuchen gepflanzt, die etwa vier Jahre brauchten, um eine Hecke zu bilden. In der Nähe des Hauses, parallel zum Schuppen, der früher das Backhaus des Dorfes war, legten wir auch einen Blumengarten mit einem sorgfältig geplanten Farbschema an, der von Eiben eingefasst war. Es folgten weitere Eibenhecken, die den Gemüse- und Kräutergarten umschlossen. Als der Frühling kam, legten wir am Ende des Gartens eine kleine Terrasse an, die wir »Gin-&-Tonic-Terrasse« tauften und die einen herrlichen Blick auf die Pferdekoppel im Themse-Tal bot.

Aus der Zeit, in der ich Anfang der 1990er-Jahre meine kleine Gärtnerei betrieb, ausgerüstet mit Jungpflanzen und Saatgut auf dem Weg in den Garten.

Zu dieser Zeit betrieben wir auch eine kleine Gärtnerei, die einen Großteil der Fläche im hinteren Gartenbereich beanspruchte. Doch wegen der Arbeit an meiner Dissertation und den vielen Aufträgen wurde die Zeit immer knapper und wir konnten den Anforderungen der kleinen Unternehmung nicht mehr gerecht werden und wandelten die Fläche, die ursprünglich für den Anbau von Mutterpflanzen vorgesehen war, in einen Präriegarten um. Und schon bald war die »Gin-&-Tonic-Terrasse« von einem beruhigenden Mantel aus hohen Stauden und Gräsern umgeben.

DER VORGARTEN:
Ein ziemlich traditioneller Cottage-Garten

Hecken

Vom Gutshaus des Dorfes Coleshill überblickt man die zum Gut gehörige Parklandschaft und das *Vale of the White Horse* – das Tal des weißen Pferdes –, einen der wichtigsten der vielen archäologisch relevanten Orte entlang des langen Hügelkamms des *Ridgeway National Trail*. Das Tal ist benannt nach dem *Uffington White Horse*, einer etwa dreitausend Jahre alten, jedoch recht modern wirkenden, einhundertzehn Meter langen prähistorischen Pferdefigur, deren Silhouette mittels Vertiefungen in den Kreidefelsen eingeschrieben ist.

Das Dorf Coleshill schmiegt sich an den Hügel. Ganz links die Pferdekoppel hinter unserem Garten, neben der Kirche oben im Dorf stand Bouverie Cottage, in dem wir die ersten Jahre lebten.

»Coleshill« bedeutet »Hügel am Fluss Cole«, ein Nebenfluss, der in der Nähe des Nachbardorfes Lechlade in die Themse fließt.

Die Vorgärten der Cottages entlang der Straße sind von alten Buchshecken gesäumt. Sie sehen aus wie dicke, unregelmäßige grüne Raupen, die den Hügel hinaufziehen, unterbrochen von blauen Holztoren. Es gibt alte Fotos vom Beginn des 20. Jahrhunderts, auf denen die gut gewachsenen Buchshecken bereits zu sehen sind.

Einige Jahre vor unserem Einzug hatte Drew einen Teil der Hecke durch frische Stecklinge ersetzt, ein anderer Teil wurde irgendwann durch Heckenmyrte ausgetauscht. An den seitlichen Grundstücksgrenzen war es auch eher bunt ge-

Der formell geschnittene Eibenkubus sorgte besonders in den Wintermonaten für Struktur und Zusammenhalt. Im Sommer versteckte er sich zwischen Spornblume, Zierlauch und Rosen: rechts *Rosa x odorata* ›Benghal Crimson‹, im Hintergrund ›Gertrude Jekyll‹.

mischt: Links stand Liguster, rechts hauptsächlich Weißdorn. Im Hochsommer fällt das nicht weiter auf. Zu dieser Zeit ist so viel anderes im Garten los, dass die Durchmischung kaum sichtbar ist, weil alles einen ziemlich ähnlichen Grünton hat. Erst im Herbst sieht man, dass der Weißdorn seine Blätter verliert und rote Beeren trägt, während der Liguster blauschwarze Früchte hat. Die Früchte (und Blüten) der Heckenmyrte hingegen fielen kaum auf. Das lag wahrscheinlich daran, dass sie nur selten das Blühstadium erreichten: Sie wuchsen so schnell, dass wir sie zwei- bis dreimal im Jahr zurückschneiden mussten. Auch der Liguster bekam meist einen zweiten Schnitt, um ihn unter Kontrolle zu halten.

Später erhielt der Vorgarten eine modernere Ergänzung zu diesen alten Hecken. Um Struktur in das Blumen- und Gräsergewirr zu bringen, pflanzten wir drei Formschnittgehölze, die den Stauden und Gräsern eine Bühne boten. Mir gefällt der Kontrast zwischen scharf geschnittenen Formschnittgehölzen und dem lockeren, romantischen Aussehen der Stauden und Gräser, die besonders im Herbst und Winter ein wenig Klarheit um sich herum vertragen. Es gab einen größeren Eibenkubus, einen Meter hoch und breit, und zwei Buchsquadrate, ebenfalls einen Meter breit, aber nur vierzig Zentimeter hoch. Sie bildeten einen dauerhaften Anker im turbulenten Meer der Gräser und Staudensilhouetten.

Abschied vom Rasen: Neue große Beetfläche und neuer Schieferweg

Die große Rasenfläche im Vorgarten war ein zeitaufwändiger Alptraum. Ich finde Rasenmähen genauso langweilig wie Staubsaugen. Er wurde gemäht, im Herbst geharkt, vielleicht mal gedüngt und vertikutiert – das musste genügen. Er hatte keinerlei Funktion (wie die meisten Rasenflächen in Vorgärten) und bestand eigentlich hauptsächlich aus Moos, das von weitem grün aussah. Aber da der Vorgarten mehr oder weniger »fertig« war, sollte der Rasen vorerst bleiben. Wir waren zu sehr damit beschäftigt, die endlose schwarze Fläche blanker Erde im hinteren Garten zu gestalten und zu bepflanzen, so dass wir eigentlich ganz froh waren, dass es vorne halbwegs ansehnlich aussah.

Doch eines Tages mussten wir es anpacken mit dem Rasen: Ein »Hexenring« hatte sich gebildet, ein großer Kreis aus Pilzen. Nun war klar: Der Rasen muss-

Das neue Beet um die Mehlbeere ersetzte die Rasenfläche. Auf der noch sichtbaren Grasnarbe wurde der neue Schieferweg zur Haustür angelegt.

te endlich weg. Ein neuer schmaler Weg vom Tor bis zur Haustür wurde abgesteckt, da der geteerte Hauptweg nicht direkt zur Haustür führte, sondern zur Tür des Nebengebäudes, der ehemaligen Dorfbäckerei.

Auf der vorhandenen Grasnarbe wurde der neue Weg angelegt. Zunächst legten wir dort ein wasserdurchlässiges Vlies aus, um das Unkrautwachstum zu verhindern. Dieses Gewebe ist porös, damit Wasser abfließen und in den Boden eindringen kann, aber die Löcher sind so fein, dass eventuelle Sämlinge keine tiefen Wurzeln bilden und umgekehrt auch keine von unten durch das Vlies hochwachsen können. Wie in unserem ersten Garten am Bouverie

Die Farbe der Schieferplatten passte gut zur Vegetation: im Zentrum hier der Nesselkönig. Am Rand etablierten sich Sämlinge von Frauenmantel und Akelei. Während der Sommermonate durften sie alle über den Rand wachsen.

Cottage wurde auch hier der Weg mit den Bruchstücken von Schieferplatten, die bei Ausbesserungsarbeiten der Dächer umliegender Häuser angefallen waren, abgedeckt. Obwohl dieser Weg schmal war und sich durch die benachbarten Beete schlängelte, wurde er zu einer beliebten Abkürzung.

Den Rest der Fläche gruben wir mit dem Spaten um. Da die Grasnarbe hauptsächlich aus Moos und Gras bestand und frei von mehrjährigem Unkraut war, mussten wir sie nicht abtragen. Die Fläche wurde dafür gründlich »umgegraben« – im Grunde wurde die Grasnarbe einfach um 180 Grad spatentief gewendet. Sie enthielt viel organisches Material, das dann langsam kompostieren konnte und als Wasserspeicher für die Wurzeln der Pflanzen diente, die vier Wochen später gepflanzt wurden.

Der Cottage-Garten-Charakter des Vorgartens

Es war wichtig, dass vor allem der Vorgarten zum Charakter des jahrhundertealten Dorfes passte. Die Bepflanzung sollte nicht zu raffiniert sein. Nicht zu modern oder mit unkonventionellem Farbschema. Stattdessen sollten die Pflanzen farbenfroh sein und zum Charakter eines Bauerngartens beitragen. Im Gegensatz zu dem Teil des Vorgartens, den wir nach der Entfernung des Rasens angelegt haben, haben wir in der alten, vorhandenen Rabatte die traditionellere gemischte Bepflanzung fortgesetzt, die unser Vorgänger begonnen hatte, indem wir Gehölze, Blumenzwiebeln und Stauden kombinierten und die Stauden in kleinen Gruppen von etwa drei Pflanzen anordneten und einige von ihnen wiederholten, um einen Zusammenhang herzustellen. Die Wiederholung einiger markanter Pflanzen brachte schnell Ruhe und Struktur in die Bepflanzung.

In der neu angelegten Fläche hingegen sollten die Pflanzen informell und unstrukturiert wirken. Wir pflanzten keine großen Gruppen, stattdessen wurden die meisten Pflanzen locker als Solitärpflanzen gesetzt, nur einige kleinere sollten gelegentlich in Dreiergruppen auftauchen.

Die Strukturpflanzen

Zum Cottage-Garten gehören auch Gehölze. Im Hintergrund der großen Rabatte standen blühende Sträucher, und einige Rosen waren zwischen den Stauden verstreut. Ich bepflanze nie eine Fläche nur mit Rosen: Ist eine krank, sind alle krank, und leider sehen sie dann alle gleichzeitig unansehnlich aus.

Vorne an der Straße haben wir eine Weiße Ziereberesche gepflanzt, *Sorbus hupehensis*. Es war eine wilde Sorte, die mein Vater mir geschenkt hatte. Sie zog mit uns um, war aber nicht begeistert davon. Einige Jahre lang schimpfte sie vor sich hin, bis wir beschlossen, sie zu entfernen. In einer spontanen Aktion sägten wir sie zunächst ab, später wollten wir noch den Wurzelballen entfernen. Später kam nie, und ehe wir es uns versahen, hatte sie schon wieder kräftige neue Triebe. Sie wollte einfach nicht weichen. Inzwischen habe ich gelernt, dass eine Pflanze, die nach dem Umpflanzen unglücklich ist und aussieht, als wolle sie eingehen, sich nach einem radikalen Rückschnitt oft wieder berappelt. Ab und zu kann man sie noch retten, wenn einem wirklich daran liegt.

Um Höhe zu schaffen und auch, um einfach mehr Platz für Kletterpflanzen zu haben, haben wir einfache Obelisken aus Eichenholz gebaut. Es waren Reste von einem lokalen Schreiner, der Gartenmöbel aus frisch geschlagener Eiche herstellte. Goldener Hopfen, *Clematis alpina* ›Francis Rivis‹ und *Akebia quinata* oder Fingerblättrige Akebie bekamen jeweils ein solches Klettergerüst. Was ich vorher nicht wusste, ist, wie abstoßend Gerbstoffe auf Pflanzen wirken. Frische Eiche enthält, wie viele andere Holzarten auch, solche Gerbstoffe. In den ersten Monaten werden diese bei Regen langsam aus dem Holz ausgewaschen, was leider oft braune Flecken auf Mauern oder Steinplatten hinterlassen kann, wenn man nicht aufpasst. Jeden Tag ging ich an der Clematis vorbei, und jeden Tag wickelte ich ihre Triebe erneut um das Holz. Ich begriff nicht, dass die Pflanze einfach den Gerbstoffen entkommen wollte. Erst im zweiten Jahr wuchs sie fröhlich in die Höhe.

Die Stauden

Einige klassische Cottage-Gartenpflanzen waren schon da: Rittersporn, Madonnenlilien, Rosen, Blaukissen, kleine Nelken. Dazu kamen Pfingstrosen, Türkischer Mohn, Akelei, Stockrosen und Schwertlilien. Im Spätsommer blühten Sonnenbraut, Fetthenne und Astern. Es gab auch Katzenminze und natürlich weitere Rosen. Einige Stauden bekamen einen Platz, obwohl sie in den ursprünglichen Bauerngärten nicht zu finden waren, weil sie einfach noch nicht bekannt waren: Wolfsmilch, Knollenbrandkraut, Duftnessel und Wiesenraute waren einige der neuen Exoten, die sich jedoch gut zwischen traditionellen Cottage-Gartenpflanzen einfügen. Zierlauch gab es damals noch nicht, dafür aber Lauch in den Gemüsebeeten, dessen Blüten eng mit den Sorten verwandt sind, die wir heute als Prunkstücke in unsere Beete pflanzen.

Die Gräser

Gräser waren typischerweise in traditionellen Cottage-Gärten nicht vertreten und wurden wohl eher als Unkraut betrachtet statt als wertvolle Zierpflanzen, so, wie wir zumindest einige davon heute einsetzen. Sie kamen erst spät in die englischen Gärten. Gertrude Jekyll verwendete gelegentlich den schönen, blaugrauen, beblätterten *Leymus arenarius* oder Strandroggen, dessen invasives Verhalten sicherlich dazu beigetragen hat, dass viele Jahrzehnte lang keine Gräser mehr in den Gärten zu sehen waren. Wir waren unserer Zeit ein wenig voraus: Als wir in den 1980er-Jahren unsere ersten Gärten planten und pflanzten, gehörten Gräser mit Blick auf Herbst- und Winterwirkung als gute Strukturstauden selbstverständlich dazu. Es war nicht einfach, die Kunden davon zu überzeugen, die Staudenflächen im Herbst nicht gleich zurückzuschneiden. Gemäß der Tradition, im Herbst alles aufzuräumen, machten die meisten Gräser tatsächlich keinen Sinn: Gerade, wenn sie schön und interessant wurden, wurden sie zurückgeschnitten.

Erst in den späten 1980er-Jahren kamen die Gräser langsam in Mode. Die ersten Carex-Sorten tauchten in den Gärtnereien auf und *Stipa gigantea* schaffte auf der Chelsea Flower Show den Durchbruch und wurde zum Pampasgras der 1990er-Jahre. Plötzlich war es überall zu sehen.

Gräser waren in unserem Cottage-Garten unser einziges Zugeständnis an eine moderne Gestaltung, und wir mussten oft weit fahren, um welche zu finden. Gerade im Vorgarten waren sie mir wegen ihrer schönen Wintersilhouetten so wichtig. *Molinia x arundinacea* ›Karl Foerster‹, ein Riesen-Pfeifengras, war das erste Gras, das direkt einen prominenten Platz in der Nähe der Haustür bekam. Morgens hingen die Tautropfen an den Rispen, die elegant über den Weg hingen, spätestens mittags standen sie wieder stramm. Am Hauptweg stand *Molinia x arundinacea* ›Transparent‹. Bob, der arme Postbote, bekam morgens die Tautropfen ins Gesicht, denn er brachte die Post immer sehr früh an die Haustür. Zum Glück war er selbst ein großer Gartenliebhaber und hat sich nie beschwert oder sich geweigert, uns die Post zuzustellen.

Lange bevor es auf der Chelsea Flower Show Berühmtheit erlangte, bekam das Riesenfedergras, *Stipa gigantea*, einen Platz. Direkt am Rand des neuen Weges, überhängend, so dass man im Vorbeigehen von den haferähnlichen Riesenblüten gestreichelt wurde. Die lockeren Ähren glänzten wunderschön golden in der tiefstehenden Sonne. In der Nähe durfte sich eine kleine Verwandte vermehren: das Zarte Federgras, das (inzwischen wieder) *Stipa tenuissima* heißt.

Niedrige Randbepflanzung

Die bestehende Rabatte entlang des Hauptweges hatte eine kleine Stützmauer aus lokalem Kalkstein, dem gleichen honigfarbenen Stein, aus dem alle Häuser des Dorfes gebaut waren. Diese kleine Mauer war größtenteils mit kompakten Pflanzen wie Blaukissen, kleinen Nelken und Sonnenröschen bewachsen, die sich ziemlich selbstständig gemacht hatten und sich regelmäßig versamten. Dazwischen pflanzte ich auch einige Kräuter wie zum Beispiel Thymian. Obwohl es im Gemüsegarten ein größeres Kräuterbeet gab, fand ich es sehr praktisch, dass ich, wenn ich nach Hause kam, auf dem Weg zur Haustür gleich ein paar Kräuter zum Kochen ernten konnte.

Diese alte Rabatte schmiegte sich an den Hang des Grundstücks. Die hohe Hecke im Hintergrund wuchs auf einer weiteren Trockenmauer an der Grundstücksgrenze. Die größeren Sträucher im hinteren Teil der Rabatte waren wichtig, um die Höhenunterschiede auszugleichen. Gleichzeitig bildeten sie einen schönen Hintergrund für die Stauden.

An den Rändern der neu angelegten Beetflächen konnten sich kompakte Stauden frei entwickeln. Charmante invasive Vagabunden wie der Kleine Frauenmantel, *Alchemilla erythropoda*, der Wollziest und der kurzlebige Pyrenäen-Storchschnabel *Geranium pyrenaicum* ›Bill Wallis‹ breiteten sich unbemerkt an den Wegrändern aus.

Der »Unterhaltungsbaum«

Obstbäume waren ein wichtiger Bestandteil der alten Cottage-Gärten. Die paar Obstbäume, die wir »erbten«, reichten uns, aber wir entschieden uns dennoch, einen besonderen Zierapfel als Hausbaum zu pflanzen.

Ende der 1990er-Jahre zogen meine Eltern von Antwerpen in ein neues Haus in der Nähe von Brüssel. Wir haben ihnen geholfen, den Garten neu anzulegen und einen guten »Hausbaum« für sie zu finden, der das Haus in der Landschaft verankert. Bei einem Besuch bei Jelena de Belder-Kovačič, der Besitzerin des Arboretums Kalmthout, wo ich meine Karriere begonnen hatte, sprachen wir darüber. Ihre Empfehlung ließ nicht auf sich warten: *Malus transitoria* (Weißdorn-Apfel). Sie hatte einen vor ihrem Küchenfenster gepflanzt und erzählte, wie sie ihn zu jeder Jahreszeit genieße, besonders im Winter, wenn die Amseln um die kleinen gelben Äpfel kämpfen. Nach langer Suche fand ich diese Sorte in einer Baumschule in England und kaufte gleich zwei der Bäumchen. So landete ein Exemplar bei meinen Eltern, das zweite bei uns im Vorgarten vor dem Fenster der ehemaligen Dorfbäckerei, die später mein Büro wurde. Ich habe es nie bereut. Der Blick von meinem Schreibtisch war zu jeder Jahreszeit sehr unterhaltsam. Märchenhaft in der Anmutung und bei den Bienen sehr beliebt waren Tausende kleiner elfenbeinfarbener Blüten, die im Frühling die Äste des zunächst noch kleinen Baums bedeckten. Mit seinem breiten Wuchs entwickelte er sich mit der Zeit zu einem sehr schönen, charaktervollen Solitärgehölz. Wenn der Herbst kam und Tausende kleiner Äpfel gelb wurden, ging

Der Weißdorn-Apfel, *Malus transitoria*, unser »Unterhaltungsbaum«, fing als kleines Bäumchen an, aber verzweigte sich zu einem breitkronigen, schönen Baum, der den Vorgarten abschließt. Im Hintergrund sieht man den ehemaligen Bäckerladen, davor einen alten Waschkübel, den wir als Wasserfass nutzten, um die Gießkanne zu befüllen. Als blauen Akzent im Frühling haben wir die Bartitis ›Blue Rhythm‹ gepflanzt.

das Spektakel erst richtig los. Die Früchte waren eine Zierde – bis sie von den Vögeln gesichtet wurden. Einmal entdeckt, wurde der Baum ziemlich schnell von sehr eifersüchtigen und streitlustigen Amseln geplündert. Auch für meine Katzen war der Baum sehr unterhaltsam. Ein kleines Kissen am Rand meines Schreibtisches vor dem Fenster (über der Heizung!) war ein beliebter Beobachtungsposten.

Rosen

Nach einer Überdosis Rosen während meiner Ausbildung brauchte ich einige Jahre, um mich wieder an das Thema heranzutasten, und begann vorsichtig mit historischen Rosen. Es waren ihr Charme und ihr Duft, die mich anzogen, auch wenn die meisten nur einmal blühen. Vom Charakter her sind sie für einen Cottage-Garten geradezu prädestiniert.

Dunkelrosa und rote, stark duftende Rosen haben den zusätzlichen Vorteil, dass man aus ihren Blütenblättern eine köstliche Limonade zubereiten kann. So ließ ich mich unter anderem von der schönen ›Charles de Mills‹ verführen. Die dunkelroten, dicht gefüllten Blüten waren in der Tat wunderschön und dufteten köstlich. Als die Pflanze gut angewachsen war, bildete sich ein kleiner Ausläufer, über den ich mich sehr freute. Ich grub ihn aus und schenkte ihn meinem Vater. Auch im nächsten Jahr kamen wieder ein paar Ausläufer, die ich liebevoll ausgrub und an Freunde verschenkte. Im dritten Jahr merkte ich jedoch, dass diese schöne Rose zu einer Problempflanze geworden war. Von Jahr zu Jahr erschienen immer mehr Ausläufer, über das ganze Beet verteilt. Ich warnte alle Beschenkten, die Rose so schnell wie möglich wieder auszugraben, bevor sie sich zu sehr ausbreitete. Zweimal haben wir das Staudenbeet umgegraben, in der Hoffnung, sie loszuwerden; ohne Erfolg. Später, als wir wegzogen, war sie einer der Gründe, die es mir leichter machten, den Garten aufzugeben.

Wildrosen haben es mir auch immer angetan, weil sie so unkompliziert sind und viel Charakter haben. Im hinteren Teil des großen Beetes musste Platz geschaffen werden für *Rosa moyesii*, eine charaktervolle, einfache rote Rose mit sehr großen orangefarbenen Hagebutten. Meine Liebe zu diesem Insektenmagneten geht auf meine Kindheit zurück, als die Bienen im Gemüsegarten laut über meinem Kopf summten. Die beeindruckenden roten Stacheln der *Rosa sericea* ssp. *omeiensis pteracantha*, die der Pflanze ihren Namen »Stacheldrahtrose« gaben, verleiteten mich, auch ihr unbedingt einen Platz einzuräumen, vor allem wegen ihres ungewöhnlichen stacheligen Winterschmucks.

Die dritte Wildrose, die vorne eingezogen ist, ist *Rosa primula*. Eine sehr liebenswerte gelbe Rose, die der Mairose ähnelt. Besonders nach Regen oder am Abend duften die Blätter wie die einer Balsampappel.

Rosa ›Madame Alfred Carrière‹ am Fenster der ehemaligen Bäckerei: Jedes Jahr war es ein kleiner Kampf, »Mad Alf« in den Griff zu bekommen, wohingegen die wesentlich dornigere, rosa blühende ›Albertine‹ rechts davon über dem Torbogen handzahm und bescheiden war. Im Beetvordergrund rechts ist die Mittelmeer-Wolfsmilch zu sehen.

Die Ramblerrose ›Albertine‹ kam aus unserem alten Garten und bekam einen Platz über dem Torbogen rechts vom Haus, dem Teil, der früher die Dorfbäckerei beherbergt hatte. Der Bogen trennte den vorderen vom hinteren Garten. Dort lag ›Madame Alfred Carrière‹ auf dem Dach und streckte sich jeden Sommer bis ins Gästezimmer im ersten Stock aus. Einige Jahre später gesellte sich zu »Mad Alf«, wie wir sie nannten, noch ein Blauregen. Obwohl es eigentlich untersagt war, Kletterpflanzen am Haus zu pflanzen, war die Hauswand noch voller alter Nägel, ein Zeichen dafür, dass sie in ferner Vergangenheit durchaus mit irgendwelchen Kletterpflanzen berankt gewesen war. Leider sind wir ausgezogen, bevor die Hausfassade komplett bewachsen war.

Die zwei echten Rosenheldinnen im Vorgarten waren hinten in der Mitte links in Apricot und Rot *Rosa x odorata* ›Mutabilis‹, rechts davon *Rosa x odorata* ›Bengal Crimson‹. Diese beiden etwas frostempfindlichen, sehr lange blühenden Sorten sind im Gegensatz zu vielen anderen Rosen zart und zierlich. Rechts davor ›Schneewittchen‹, ein unverwüstlicher Klassiker.

In den neu angelegten Staudenbeeten wollte ich unbedingt den Klassiker ›Schneewittchen‹ – in England als ›Iceberg‹ bekannt – ausprobieren. Sie ist anspruchslos, und wir pflanzten sie nicht weit vom Hauptweg. Obwohl sie olfaktorisch nicht viel zu bieten hat, ist sie eine robuste, reichblühende weiße Rose. Sie blieb nicht allein. Da die Form und der Duft der historischen Rosen so wunderbar waren, beschlossen wir, eine englische Rose von David Austin auszuprobieren. Das konnte nur ›Gertrude Jekyll‹ sein, benannt nach Englands berühmtester Gartengestalterin des späten 19. und frühen 20. Jahrhunderts. Ich habe diese Dame schon immer gemocht. Wir teilen nicht nur die Liebe zu Stauden und zum Spiel mit Farben, sondern auch eine ähnliche Statur und die Liebe zu Katzen. Sie hat viel zur Tradition der englischen Staudenrabatten beigetragen, indem sie als Erste richtige Pflanzpläne erstellte, die es heute noch gibt. Die Rose, die ihren Namen trägt, ist wie fast alle Englischen Rosen stark gefüllt, duftend und remontierend in einem kräftigen Rosa. Einziger Nachteil: die vielen Dornen (vielleicht wie Miss Jekyll selbst?). Sie bekam einen Platz ganz vorne an der Hecke neben der Straße. Jeden Winter wurden ihre neuen Triebe an der Buchshecke befestigt, so dass sie sich im Sommer nonchalant über die Hecke entlang des Bürgersteigs legte.

Zusammen mit ›Gertrude Jekyll‹ hatte ich mich an eine seltene, nicht ganz so winterharte China-Rose gewagt: *Rosa x odorata* ›Mutabilis‹. Sie ist schwer zu beschreiben, denn ihre einfachen, nicht besonders großen Blüten klingen vielleicht nicht so aufregend, aber ihr ganzer Auftritt ist einfach traumhaft. Die rötlichen Stängel, der lockere Wuchs und über viele Monate immer wieder diese zauberhaften Blüten – das ist schon etwas sehr Besonderes. Normalerweise verabscheue ich mehrfarbige Blüten, vor allem bei Rosen, aber diese ist eine absolute Ausnahme. Die schlanken, spitz zulaufenden Knospen öffnen sich in einem angenehmen Apricot, das sich beim Verblühen in ein dunkles Rosa verwandelt. Die Blüten sitzen auf schlanken roten Stielen und erscheinen vom Frühling bis zum Spätherbst. Das ist schwer zu übertreffen, dachte ich. Bis ich im Winter in London im berühmten Chelsea Physic Garden, einem der ältesten botanischen Gärten der Welt, eine nahe Verwandte von ihr, *Rosa x odorata* ›Bengal Crimson‹, entdeckte. Sie hat einen ähnlichen Habitus, eine ähnliche Blüte mit nur fünf flatternden Blütenblättern, aber in einem dunklen Rot. Dank des warmen Mikroklimas an der Themse in London blüht diese Rose das ganze Jahr über. Ich fragte den Head Gardener, ob es möglich sei, einen Steckling zu bekommen. »Kein Problem«, antwortete er, »ich wollte sie sowieso ein wenig beschneiden.« Die Schere wurde gezückt und ehe ich mich versah, saß ich wieder im Bus nach Oxford mit einem riesigen Müllsack voller Rosenzweige. Ich hatte fast hundert Stecklinge, die ich mit großer Freude an viele Freunde verschenken konnte. Ich liebe es, wenn ich solche besonderen Pflanzen verschenken kann und weiß, dass ich damit eine besondere Freude mache.

Eine davon bekam in unserem Vorgarten einen Platz neben ihrer Cousine ›Mutabilis‹ direkt vor dem Wohnzimmerfenster. Und obwohl sie in den etwas kälteren Cotswolds nicht das ganze Jahr über blühte, fühlte sie sich doch immer wohl und blühte viel länger als alle anderen Rosen.

Eine dritte Kletterrose schmückte den Vorgarten: ›New Dawn‹. Ein absoluter Klassiker, remontierend, zartrosa, robust, leicht duftend, aber nicht unbedingt aufregend. Diese Rose ist absolut zuverlässig, wie eine Freundin, die einfach immer für einen da ist. Sie bekam einen Platz an der Loggia bei der Haustür und begrüßte jeden, der zu uns kam. Rosa ›New Dawn‹ wurde von Weinrebe ›Black Hamburg‹ begleitet. Diese Traube ist eine winterharte Tafeltraube, aber die englischen Sommer waren nicht wirklich heiß genug, um etwas Genießbares daraus zu machen. Die prall gefüllten Trauben waren zwar sehr dekorativ, aber zum Essen waren sie mir – und auch den Vögeln – zu sauer.

Tischdekoration

Die Loggia war eine geschützte, sonnige Ecke, wo man im März mit den ersten Sonnenstrahlen frühstücken konnte. Es war gerade genug Platz für einen Tisch und zwei Stühle. Auf dem Tisch stand meist eine kleine Sammlung von Tontöpfen mit Pflanzen, die zu dieser Jahreszeit etwas zu bieten hatten. Besonders im

Auf dem Tisch bei der Haustür standen stets einige kleine Tontöpfe: hier, kurz vor Ostern, bestückt mit verschiedenen Primeln und Aurikeln, dazu herrlich duftende Hyazinthen.

Frühjahr freute ich mich auf die ersten Töpfchen mit Krokussen und Narzissen, Hornveilchen und Primeln. Bald kamen Hyazinthen und meine geliebten Aurikeln dazu. So entwickelte sich das Arrangement ständig weiter, oft mit etwas herrlich Duftendem, Pflanzen mit schönen Details, die man aus der Nähe betrachten wollte, wie Aurikeln, Papageientulpen oder kleine Narzissen. Mir war immer wichtig, dass wir etwas Schönes zum Genießen hatten, während wir vor der Haustür nach dem Hausschlüssel suchten, und auch unsere Gäste, wenn sie darauf warteten, bis sich die Haustür öffnete. Selbst im tiefsten Winter stand dort dann einfach ein großer Strauß mit getrockneten Gräsern und Stauden.

Fröhliche Begrüßung an der Haustür: Der große Kübel mit Zwiebellasagne

Bei der Tür stand ein großes halbes Whiskyfass. Ein toller Pflanzkübel, weil so viel hineinpasste und er eine gute Tiefe hatte, so dass die Pflanzen gut wurzeln konnten und er im Sommer nicht so schnell austrocknete. Ich erinnere mich noch an den herrlichen Whiskygeruch im Auto, als wir diese neue Trophäe nach Hause brachten: Wir waren fast beschwipst, als wir ankamen.

Im Herbst pflanzte ich immer eine große Menge Zwiebeln in den Kübel, dicht an dicht in mehreren Schichten, alles liebevoll geplant, um eine insgesamt lange Blütezeit zu erreichen. Krokusse sollten als Erste blühen, vielleicht mit Anemonen, dann ein paar Hyazinthen und die kleine mehrblütige Narzisse ›Tête-à-Tête‹. Dann kamen die frühen Tulpen, die späten Narzissen ›Peeping Tom‹ und zum Schluss die späten Tulpen. Die dicksten Zwiebeln kamen ganz nach unten. Darauf eine dünne Erdschicht, bevor die mittelgroßen gepflanzt wurden; die Krokusse ganz oben wurden nur mit ein paar Zentimetern Erde bedeckt.

So gut wir auch planten – es gab immer wieder Überraschungen. War es im Frühling lange kalt, ließen die Frühaufsteher auf sich warten, war es besonders warm, konnten es die Spätzünder nicht erwarten und legten früher los als geplant. Es war dennoch immer schön, egal, wie und wann die kleinen »Nasen« kamen. Am Ende der Blütezeit haben wir die Blumenzwiebeln ausgegraben und irgendwo im Garten eingepflanzt. Sie machten Platz für sommerblühende einjährige Pflanzen wie Ziertabak und Kosmeen.

Cottage-Garten-Pflanzen

Obwohl einige weniger traditionelle Pflanzen ihren Weg in den Garten fanden, war ein Großteil der Pflanzen doch recht typisch für einen Cottage-Garten, vor allem im Vorgarten. Mit einer Ausnahme: Im gesamten Garten fand sich kein Rittersporn. Obwohl Drew eine Gruppe in der Staudenrabatte gepflanzt hatte, hat er dort nicht lange überlebt. Aus Erfahrung habe ich gelernt, dass es eine der zickigsten Stauden ist, die sich in nur wenigen Gärten richtig wohl fühlt.

In der bunten Mischung aus klassischen Cottage-Garten-Pflanzen wie Katzenminze, Türkenmohn, Goldlack *Erysimum* ›Bowles Mauve‹, der dunkelroten historischen Rose ›Charles de Mills‹, der weißen ›Schneewittchen‹ und der Pfingstrose ›White Wings‹ fanden sich auch einige weniger klassische wie der goldene Hopfen am Obelisk; rechts davon der niedrigere Honigstrauch, *Euphorbia mellifera*, und ganz prominent im Hintergrund das gelbe Brandkraut *Phlomis fruticosa*.

Wir hatten keine Lust auf das regelmäßige Teilen, das Düngen mit Mist und vor allem das Fernhalten von Schnecken.

Stockrosen

Stockrosen waren bis zum Ende des 19. Jahrhunderts in den Gärten sehr beliebt, bis sich die Pilzkrankheit Malvenrost ausbreitete und sie plötzlich keiner mehr haben wollte. Bis zu diesem Zeitpunkt boten viele Gärtnereien ein großes Sortiment in verschiedenen Farben an, gefüllt und ungefüllt. Man findet

Die Stockrosen am Tor liebten den steinigen Boden am Rand des Gehweges vor dem Zaun. Besucher fanden uns anhand dieses farbenfrohen »Begrüßungskomitees« immer sehr leicht.

Stockrosen oft auf alten Abbildungen von reizvollen reetgedeckten Häusern. Sie sind in ihrer Samenproduktion sehr großzügig, und die Samen lassen sich leicht ernten, verschenken und aussäen. Das hat sicher zu ihrer Beliebtheit beigetragen. Heute gedeihen sie trotz Pilzkrankheiten; der einzige Nachteil ist, dass die unteren Blätter relativ früh abfallen. Ich pflanzte sie an der Straße am Tor, wo die Bedingungen perfekt waren. Der Boden war sehr steinig, die Lage sehr sonnig. Viele Jahre hielt sich die bunte Mischung hier und unterbrach frech die Linie der grünen Buchshecken, die die Straße säumten. Wie es sich gehört, haben sie sich mit der Zeit ausgesät und in einer Ritze der Hauswand ein zusätzliches neues Zuhause gefunden. Das gefiel ihnen hervorragend.

Pfingstrosen

Wie die Stockrosen gehören auch Pfingstrosen in jeden Cottage-Garten. Es gibt noch viele alte Sorten zu kaufen. Die klassischen großen, dicht gefüllten, stark duftenden Blüten erinnern mich an ältere Damen mit großem Busen, über dem eine doppelte Perlenkette drapiert ist, und die von einer schweren Parfümwolke umhüllt sind. Damen, denen man den Arm reichen muss, damit sie sicher aus dem Auto steigen oder die Treppe hinaufkommen. Früher fand ich Pfingstrosen daher schrecklich altmodisch. Jetzt scheine ich selbst eine ältere Dame zu werden, und sie gefallen mir sehr.

Es gibt auch bescheidenere, schlankere Modelle, die nur halb oder komplett ungefüllt sind und viel pflegeleichter. Die mochte ich schon immer. Obwohl sie nicht so um Aufmerksamkeit buhlen wie die anderen, sind sie viel unkomplizierter, da man sie nicht stützen muss. Wir hatten beide Sorten. Straff aufrecht, offene weiße Blüten über schönem dunkelgrünem Laub: das ist die Sorte ›White Wings‹. Etwas kürzer, leicht zitronengelb ist ›Jan Van Leeuwen‹. Beides sehr schöne Pflanzen, die sich im Laufe der Jahre zu großen, kräftigen Stauden entwickelt haben.

Von Freunden bekam ich eine alte zartrosa Sorte geschenkt, ›Sarah Bernhardt‹. Zuerst war ich mir nicht sicher, aber ich pflanzte sie trotzdem, und sie hatte viel Charme. Wegen ihrer großen, gefüllten Blüten war sie eine der wenigen Pflanzen, die brav jedes Frühjahr eine Metallstütze bekamen, damit die schönen Frühsommerblüten nicht beim ersten Regen zu Boden fielen. Ein paar Stängel wurden meist für die Vase geopfert.

Obwohl ich Pfingstrosen liebe, finde ich ihre kurze Blütezeit schwierig und möchte ihnen nicht zu viel Platz einräumen. Sie haben zudem eine so dramatische Präsenz, wenn sie blühen, dass schon wenige Exemplare ausreichen.

Wir hatten auch Strauchpfingstrosen. Im Garten unseres Nachbarn hat sich die Wildsorte *Paeonia delavayi* gerne ausgesät, so dass er jedes Jahr einige Sämlinge übrig hatte. Die relativ kleinen, dunkelroten Blüten duften herrlich. Der Erfolg ermutigte mich, und irgendwann bestellte ich bei einer Gärtnerei zwei chinesische großblütige Hybriden, eine rot blühende und eine weiß blühende. Sie kamen im zeitigen Frühjahr und wurden sofort eingepflanzt. Die rote in den Vorgarten, die weiße in den weißen Teil des Farbgartens. Irgendwann zeigten sich die ersten beiden Knospen. Die Spannung stieg von Tag zu Tag, bis sich die Knospen endlich öffneten und zu riesigen, halbgefüllten, seidigen Blüten entfalteten. Wunderschön – nur dass die weißen ein kräftiges Rosa und die roten ein reines Weiß waren. Die Blüten, so groß wie Suppenteller, erfreuten mich dennoch jedes Jahr aufs Neue. Ich hätte sie reklamieren können, aber die Freude war einfach zu groß.

Flammenblume – Phlox

Genauso traditionell ist der Phlox. Kräftige Stiele mit großen, stark duftenden Blütenköpfen, die mich immer an meinen ersten Aufenthalt im Hause Foerster in Potsdam-Bornim erinnern, wo ich einige Zeit verbringen durfte. Marianne Foerster hatte einen Blumenstrauß mit Foerster-Züchtungen in mein Schlafzimmer gestellt. Es ist leider eine der Stauden, denen die zunehmende Hitze und Trockenheit zu schaffen machen, was schade ist, da ich sie immer schon sehr geliebt habe. Zwei Gruppen von Phlox ›David‹ pflanzte ich in der dritten Reihe, im Beethintergrund. Ihre strahlend weißen Blüten wirken im Hochsommer, wenn oft alles etwas erschöpft aussieht, sehr erfrischend.

Nelken – Dianthus

Nur wenige Blumen begleiten die Menschheit so lange wie die Nelke. Die Nelke wurde bereits vor zweitausend Jahren in der griechischen Literatur erwähnt und erhielt von dem griechischen Botaniker Theophrastos den Namen *Dianthus*, der so viel bedeutet wie »Zeus-Blume« und der auch heute noch als botanischer Name verwendet wird. In vielen Kulturen haben Nelken einen hohen symbolischen Wert und werden mit verschiedenen Personen oder Anlässen in

Verbindung gebracht. Von der Geburt bis zum Tod, bei Hochzeiten, als Symbol der Liebe und der Trauer, des Sozialismus oder des Widerstands. Sie wurden zusammen mit Tulpen von den Osmanen verwendet, um die Wände der Moscheen zu schmücken, und sind in vielen Ländern die Nationalblume. Seit Jahrhunderten werden sie auf Gemälden dargestellt und wegen ihres betörenden, würzigen Duftes angebaut.

Obwohl sie so beliebt sind, konnte ich mich für sie nicht so recht erwärmen. Irgendwie ist diese romantische Gattung in Vergessenheit geraten, und ich assoziiere Nelken nur noch mit lieblosen Sträußen auf Restauranttischen und bunten (teils gefärbten) Nelken in Tankstellen- und Supermarktsträußen, die nur gekauft werden, weil sie so lange in der Vase halten. Ohne Charme und Duft sind sie weit entfernt von dem, was die Natur einmal geschaffen hat, und ich finde, man könnte genauso gut Kunstblumen verwenden.

Eigentlich schade, denn diese Gattung gehört wirklich zu den echten Cottage-Garten-Pflanzen. Nicht nur die Bartnelken, sondern auch *Dianthus caryophyllus* oder Gartennelken sind daraus nicht wegzudenken. Heute vor allem als Schnittblumen bekannt, wurden sie früher auch als Heilpflanzen und wegen ihres angenehmen Duftes in der Küche zum Würzen von Speisen verwendet. Ähnlich wie bei Tulpen, Aurikeln und Ranunkeln wurden bei der Züchtung Blüten mit besonderen Merkmalen ausgewählt. Meist zwischen vierzig und achtzig Zentimeter hoch, sind sie für die Vase sehr begehrt.

Ein paar Mal hatte ich Drew und Maida, unsere Vormieter, besucht, als sie noch in unserem Cottage wohnten. Ich erinnere mich an ein dunkles Wohnzimmer, alte, schwere Holzmöbel und einen altmodischen Strauß Nelken in einer schlanken, geschliffenen Kristallvase. Drew liebte seine Nelken, die an der Trockenmauer entlang des Hauptweges wuchsen. Es waren hauptsächlich Federnelken, *Dianthus plumarius*, mit einfachen oder teilweise einfachen, oft gefiederten Blütenblättern. Sie hatten relativ kurze Blütenstiele, bildeten aber attraktive, duftende Kissen auf der Trockenmauer entlang des Weges.

Als der Rasen weichen musste und wir die neue Staudenpflanzung in Angriff nahmen, verwendete ich einige einfache Stauden, die sowohl im alten als auch im neuen Beet auftauchten. Sie wurden als Einzelpflanzen in die Vegetation eingestreut, um die beiden Bereiche miteinander zu verbinden. Die leuchtend rosa *Dianthus carthusianorum* oder Karthäusernelke war eine dieser verbindenden Pflanzen. Schlank, relativ kleinblütig, aber mit einer sehr wirkungsvollen Farbe, fügte sie sich gut zwischen die anderen Pflanzen ein. Eine ähnliche Rolle spielten die Akelei und das zartgelbe Fünffingerkraut *Potentilla recta*.

Erysimum ›Bowles Mauve‹ – Violetter Schöterich
Dieser mit dem Goldlack verwandte Schöterich ist erstaunlich winterhart und blüht sehr lange. Von allen Goldlackverwandten ist er meiner Erfahrung nach der robusteste und langlebigste. Es handelt sich um einen Halbstrauch, eine Pflanze wie Lavendel mit einer verzweigten, verholzten Basis, die aber meist unter einem Meter bleibt und zurückgeschnitten werden kann. Im Allgemeinen werden sie zusammen mit Stauden verkauft, obwohl sie botanisch gesehen Baumschulgewächse sind. Sie sind im Frühjahr nicht so auffällig wie Goldlack, blühen aber den ganzen Sommer über bis weit in den Herbst hinein.

Geranium pratense ›Mrs Kendall Clarke‹ – Wiesenstorchschnabel
Storchschnäbel gibt es mittlerweile wie Sand am Meer. Jedes Jahr kommen neue Sorten hinzu. Es ist eine sehr beliebte und erfolgreiche Gattung. Sie blühen schön und haben einen großen Vorteil: Sie sind anspruchslos, pflegeleicht und lassen sich gut durch Teilung vermehren und dann auch an anderer Stelle im Garten pflanzen. An sich natürlich besser als nackter Boden. Aber es regt niemanden an, durch den Garten zu gehen, um zu sehen, was da wohl blüht, denn man weiß es ja. Man hat den Storchschnabel schon beim Nachhausekommen im Vorgarten gesehen. Das darf nicht passieren. Sie können gerne Ihre Pflanzen vermehren, um eine wirkungsvollere Fläche zu schaffen oder sie als Bodendecker in einem bestimmten Bereich zu verwenden, aber ich bitte Sie, verwenden Sie eine andere Pflanze für die Lücken in anderen Gartenteilen.

Vorne wuchs der schon erwähnte kleine Pyrenäen-Storchschnabel und in den schattigeren Ecken der Wiesenstorchschnabel ›Mrs Kendall Clarke‹. Diese Sorte hat zierliche, elegante Blüten in zartem Porzellanblau mit weißen Adern. Der Wiesenstorchschnabel ist mit seinen siebzig Zentimetern recht langbeinig, was bei nassem und windigem Wetter dazu führen kann, dass er umkippt. Eventuell sollte man sich überlegen, ob man ihm einen stützenden Nachbarn zur Seite stellt. Nach der Blüte lohnt sich ein kräftiger Rückschnitt, damit die Pflanze wieder frisch und kräftig austreibt. Der Zufall wollte es, dass Frau Kendall Clarke sich im Holzkübel an der Haustür aussäte, direkt neben einer hellblauen Akelei, die genau die gleiche Farbe und Größe hatte und zur selben Zeit blühte. Es war eine bezaubernde Zufallskombination, auf die ich mich jeden Frühsommer freute, zumal die Zwiebelblüte vorbei war, die Sommerblumen aber noch auf sich warten ließen.

Gladiolen

Im Gemüsegarten der Nachbarn habe ich oft Reihen großer klassischer Gladiolen gesehen. Auch in kleinen englischen Dorfkirchen stehen sie häufig als Altarblumen, arrangiert von Damen aus dem Ort, die sich abwechselnd um den Blumenschmuck kümmern und die Vasen meistens mit Gewächsen aus dem eigenen Garten bestücken.

Für mich ist es eine rätselhafte Blume, die ich selten erfolgreich zu kombinieren geschafft habe, weder im Beet noch im Strauß. Gladiolen werden oft verwendet, um Höhe zu erzeugen. Doch der steife Habitus, als hätten sie Rückenschmerzen, und die oft sehr lauten Blütenfarben machen es schwierig, sie zu kombinieren.

Zum Glück gibt es aber auch Sorten, die sich viel leichter integrieren lassen. Einer der vielen Schätze aus dem Garten von Nori und Sandra Pope in Hadspen ist *Gladiolus papilio* ›Ruby‹, auch Schmetterlingsgladiole. Die normale Wildform dieses südafrikanischen Zwiebelgewächses hat eine etwas stumpfe, graugelbliche Farbe mit violetten Streifen, während ›Ruby‹ ein sehr begehrenswertes dramatisches, etwas dunkleres Rot hat. Sie standen bei uns sehr schön in einer größeren Gruppe vor dem rotlaubigen Perückenstrauch ›Grace‹. Die roten Blüten sahen vor dem roten Laub großartig aus. Sie blühen im Hoch- bis Spätsommer mit einer Höhe von etwa siebzig Zentimetern. Sie sind nur mäßig winterhart, aber in England sollten sie im Beet bleiben, anders als die *Gladiolus murielae*, die Abessinische oder die Stern-Gladiole, die ich jeden Herbst ausgegraben habe. Es lohnte sich, denn diese etwa einen Meter hohe Pflanze blühte im Spätsommer mit großen, locker hängenden weißen Blüten mit violettrotem Fleck. Im Gegensatz zu den klassischen Gladiolen ist sie sehr elegant und nicht halb so steif. Außerdem verströmt sie vor allem abends einen herrlichen Duft.

Eine kleinere, im Frühsommer blühende, freche Sorte, die ich zwischen die *Stipa tenuissima* gesetzt habe, ist *Gladiolus communis* ssp. *byzantinus* oder Byzantinische Wildgladiole. Die schlanken, leuchtend purpurroten Blüten könnten in der Nähe der zitronengelben Schafgarbe ›Moonshine‹ kleine Stromschläge auslösen.

Sedum telephium – Hohes Fettblatt oder Fetthenne
Sedum ist vielleicht nicht die aufregendste aller Stauden, aber eine der zuverlässigsten mit einer sehr langen Präsenz im Beet. Im August färben sich die graugrünen Knospen und die Blüten öffnen sich heimlich. Ebenso unauffällig verfärben sie sich von einem dunklen Rosarot zu einem Braun, während sie sanft in den Spätherbst und Winter gleiten. Viele halten sie für eine altmodische Pflanze, ein Relikt aus der Generation unserer Großmütter, aber die wussten, was gut ist. Sedum-Pflanzen sind wertvolle Insektenmagneten, bringen Farbe in den Spätsommer und schaffen einige der besten Strukturen, die bis zum Ende des Winters erhalten bleiben. Sie sind anspruchslos und leicht zu kultivieren.

Wie immer ist der Gärtner auf der Suche nach einer besseren Pflanze, einer, die mehr kann als das Original, aber in diesem Fall finde ich, dass die altbewährte Sorte ›Herbstfreude‹ ein unschlagbarer, zuverlässiger Freund ist, bei dem man sich darauf verlassen kann, dass er tut, was man von ihm erwartet. Es ist eine wohlproportionierte Pflanze, die stolz im Garten steht, bis man sich im zeitigen Frühjahr zum Rückschnitt entschließt. Dank ihrer einzigartigen Standfestigkeit ist sie das ganze Jahr über präsent, denn ich zumindest schneide meine Pflanzen erst, wenn die neuen Triebe ansehnlich sind. ›Matrona‹ macht ihrem Namen alle Ehre: Sie ist etwas größer und nicht ganz so wohlproportioniert, hat aber attraktives graurotes Laub und Stängel und hellrosa Blüten. Aber sie gibt sich wie eine etwas unbeholfene, große, herrische Matrone und ist nicht so robust wie ›Herbstfreude‹.

Man darf Sedum nicht überdüngen oder überwässern. Jedes Blatt ist ein lebenswichtiger Wasserspeicher, der es den Pflanzen ermöglicht, lange Hitze- und Trockenperioden zu überstehen. Wenn sie sich nicht mehr gut aufrecht halten, ist es an der Zeit, sie auszugraben und zu teilen und eventuell einen anderen Standort zu wählen, wenn sie nicht den erwarteten Ertrag bringen. Wenn Sie den richtigen Zeitpunkt im Frühjahr verpasst haben, können Sie die Wurzeln leicht kürzen, indem Sie mit einem Spaten um die Pflanze herum in den Boden stechen, sie aus dem Loch heben und gleich wieder einpflanzen.

Die Wilde Karde säte sich jedes Jahr erneut aus. Wo es passte, nicht zu nah am Weg, durften einige Sämlinge stehen bleiben. Es sind höchst skulpturale, sehr attraktive Insekten- und Vogelfutterpflanzen mit »eingebauten Trinknäpfchen« in ihren Blattachseln.

Dipsacus fullonum – Wilde Karde

So wie Pfingstrosen und Stockrosen zu den klassischen Pflanzen des Cottage-Gartens gehören, gibt es weitere, die aus diesen Gärten nicht wegzudenken sind, weil sie seit jeher zu den wichtigen Nutzpflanzen gehören. Die Wilde Karde ist eine zweijährige, große und imposante Pflanze, die eine Höhe von zwei Metern und mehr erreicht und im Laufe des Sommers eine stark verzweigte, luftige, aber sehr stabile Struktur entwickelt, die den Winter über erhalten bleibt. Den ganzen Sommer über trägt die Pflanze zahlreiche, fast eiförmige Blütenköpfe, von denen jeder mit Hunderten von kleinen violetten Blüten besetzt ist, die von den Bienen sehr geliebt werden. In den Wintermonaten werden die Blütenköpfe zur bevorzugten Futterpflanze des Stieglitzes. Die Blätter dieser Pflanze sind etwas ungewöhnlich, da sie den Stängel am Ansatz umschließen. An dieser Stelle sammelt sich immer Regenwasser und wird von den kleinen Gartenbewohnern als Tränke sehr geschätzt.

Eine weitere Besonderheit dieser Pflanze ist, dass sich die Blüten zuerst in der Mitte des Blütenkopfes, also quasi am »Äquator«, öffnen. Das rosa-violette Band, das sich dort dann wie ein waagerechtes Ornament entlangzieht, breitet sich dann entlang des Blütenstandes nach oben und unten aus. Bei den meisten anderen Pflanzen öffnen sich die untersten Blüten zuerst und arbeiten sich dann allmählich den Blütenstand hinauf. Nicht so in diesem Fall.

Die aus Nordafrika und Eurasien stammende Wilde Karde ist die am häufigsten in Gärten anzutreffende Kulturform und ähnelt stark der im westlichen Mittelmeerraum beheimateten Weber-Karde (*Dipsacus sativus*). Die Stacheln an den Samenköpfen dieser Pflanze sind nach hinten gebogen, wodurch sie sich besonders gut zum Aufrauen von Stoffen eignet. Seit der Römerzeit werden diese Samenköpfe verwendet, um den Flaum des Stoffes zu reizen, damit er so weich wird wie Flanell. Wir hatten die freundlichere Wilde Karde, die sich frei im Garten aussäen durfte, denn ich schätze die lange Haltbarkeit dieser Pflanzen über viele Monate hinweg, egal, wo sie im Laufe des Jahres auftauchen.

Convallaria majalis – Maiglöckchen
In einem kleinen Beet an der Fassade der ehemaligen Bäckerei, am Fuß der ›Madame Alfred Carrière‹ und des Winterjasmins, hatte sich eine mediterrane Wolfsmilch ausgesät, die den Vordergrund füllte. Den Rest des Beetes nahm ein unproblematischer Bodendecker in Beschlag: das Maiglöckchen. Obwohl es mit seinen kriechenden Rhizomen potenziell invasiv ist, konnte es hier zwischen Hauswand und Wegesrand nicht ausbüchsen. Die orangeroten Beeren, die im Spätsommer erscheinen, sind bei verschiedenen Vögeln wie Amseln und Drosseln sehr beliebt. Im Frühling habe ich mich immer gefreut, wenn ich ein paar herrlich duftende Sträuße ins Haus holen konnte, und den Rest des Jahres habe ich mich an den Bodendeckern erfreut, die mir das Gärtnerinnenleben leicht gemacht haben. Nur selten musste ich in dieser Ecke etwas tun, lediglich der Rose ihren jährlichen Schnitt verpassen und auch den Jasmin ab und zu etwas zurückschneiden, wenn er zu groß geworden war.

Pflanzen für die kalte Jahreszeit (November–April)

Der Vorgarten ist der Ort, bei dem man sich am meisten Gedanken darüber machen muss, welche Pflanzen dort auch im Winter und Vorfrühling etwas Schönes zu bieten haben. Jeden Tag ging ich durch den Vorgarten, frühmorgens, spätabends, bei Sonne, Regen, Wind oder Schnee. Zum Glück hatte

Der Garten im Winter: Mehrere Gräser, Fenchel, Fetthenne, Astern und Stockrosen leisteten dem wintergrünen Strauchigen Brandkraut *Phlomis fruticosa* Gesellschaft, während geschützt an der Fassade der ehemaligen Dorfbäckerei im Hintergrund der Winterjasmin monatelang weiterblühte.

Drew, unser Vorgänger, das auch erkannt und schon einiges entsprechend gepflanzt, so dass es fast immer etwas zu sehen gab. Wir haben seine Auswahl ergänzt, damit es wirklich keinen Tag im Jahr gab, an dem der Vorgarten kahl blieb.

Zwiebeln
Zwiebeln sind ausgezeichnete Saisonverlängerer, die uns helfen, das Ende des Jahres mit guter Laune zu verabschieden und den Anfang mit positiver Stimmung zu begrüßen. Es gibt solche, die erst (oder schon?) im Herbst blühen, und andere, die gleich zu Beginn des neuen Jahres loslegen. Nur bei Frost halten sie sich zurück.

Die herbstblühenden Herbstzeitlosen, Herbstkrokusse wie der Safrankrokus und Alpenveilchen tauchen plötzlich am Ende des Sommers auf. Die ersten Schneeglöckchen wie *Galanthus reginae-olgae* erscheinen bereits im November. Sie alle kommen völlig unerwartet, ohne Vorwarnung. Besonders die violetten oder weißen Blüten der Herbst-Alpenveilchen (*Cyclamen hederifolium*) halten sich lange bedeckt. Plötzlich sind sie da. Obwohl ich schon Ende August nach ihnen Ausschau halte, schaffen sie es immer wieder, mich zu überraschen. Sie sind die Helden trockener, schattiger Plätze. Botanisch gesehen sind ihre flachen, runden Wurzeln Knollen, die gerne dicht unter der Erdoberfläche gepflanzt werden. Sie standen bei uns gleich neben dem Eingangstor und begrüßten mich fröhlich, wenn ich hereinkam. Die ersten Blüten zeigten sich meist schon Ende August, das attraktiv marmorierte, efeuähnliche Laub erst im Oktober. Aber dann blieben sie bis zum Frühjahr. Als ursprüngliche Waldbewohner nutzen sie die Zeit, in der die Bäume über ihnen kein Laub tragen und Licht und Regenwasser den Waldboden erreichen. In der trockenen und für sie dunklen Jahreszeit, also im Sommer, ziehen sie sich komplett zurück und ruhen. Das Vorfrühlings-Alpenveilchen (*Cyclamen coum*) verhält sich genau umgekehrt: Das gerundete Laub erscheint im Herbst, die Blüten bei milder Witterung am Jahresanfang.

Die Blüten der Herbstzeitlosen, die im Englischen wegen ihrer weißen, chlorophyllfreien Blütenstiele »White Ladies« genannt werden, verschwinden nach der Blüte, erst im Frühjahr erscheinen ihre breiten, dunkelgrünen Blätter. Einige hatte Drew zwischen seine Edelrosen gepflanzt. Jeden Frühling war ich zunächst aufgeregt und dann enttäuscht, wenn die dunkelgrünen Blätter erschienen und ich mich dann daran erinnerte, dass die Blüte leider schon längst verschwunden war. Ich pflanze sie gerne zwischen niedrige stützende Bodendecker wie Efeu oder Storchschnabel, da die Blütenstängel bei feuchtem und windigem Wetter von diesem Schutz profitieren.

Ab der zweiten Januarhälfte konnten wir uns auf die ersten Schneeglöckchennasen freuen. Es war eine besonders kräftige, große und früh blühende Sorte, die wir geerbt hatten. Ich vermute, es war *Galanthus elwesii* ›Mrs Macnamara‹, die auch einen besonders starken Honigduft hat. Als wir aus Coleshill weggzogen, nahmen wir sie mit nach Berlin, sie begrüßt jetzt unsere Kunden in der Königlichen Gartenakademie. Schneeglöckchen lassen sich am einfachsten vermehren, wenn man sie gleich nach der Blüte ausgräbt und teilt. So haben sie Zeit, sich an ihrem neuen Standort zu etablieren, bevor sie sich wieder zurückziehen.

Weiter oben im Dorf, im Park des ehemaligen Gutshauses, war ein paar Wochen später der gesamte Waldrand mit einem weißen Teppich aus Schneeglöckchen bedeckt. An der ehemaligen Einfahrt zum Gutshaus war der Boden gelb von Winterlingen, die sich über Jahrzehnte (wahrscheinlich Jahrhunderte) dort ausgesät und vermehrt haben. Im Garten folgten im Februar rasch die ersten Elfenkrokusse (*Crocus tommasinianus*) und der Kaukasische Blaustern. Im März beginnt die atemlose Zeit, in der eine Blume nach der anderen auf der Blütenbühne erscheint und uns mit hoher Geschwindigkeit in den Frühling katapultiert.

Gehölze für den Winter

Zwei der Gehölze im Vorgarten hatten wir für den Winter gepflanzt. In der Ecke an der ehemaligen Bäckerei wuchs ein Winterjasmin, *Jasminum nudiflorum*. Diese Kletterpflanze klettert nicht gerne von selbst, sondern braucht Hilfe, um nach oben zu kommen. Verzinkte Drähte, horizontal im Abstand von etwa vierzig Zentimetern gespannt, reichen aus, um die langen, dünnen, grünen Triebe leicht nach oben zu binden. Einmal oben angekommen, wachsen die neuen Seitentriebe weiter und hängen wie eine grüne Kaskade herab. Von November bis zum Frühjahr erscheinen immer wieder kleine gelbe Blüten. Bei Frost erfrieren sie, doch sobald der Frost vorbei ist, bildet die Pflanze weiter neue Blüten. Fröhlich, unkompliziert und sehr lange blühend, hat dieser Winterblüher nur einen großen Nachteil: Es ist eins der wenigen winterblühenden Gehölze, die überhaupt nicht duften. Man kann eben nicht alles haben.

Am Rand des neuen Schieferweges, nicht weit von unserer Haustür entfernt, hatten wir uns für eine winterblühende Heckenkirsche entschieden. Die bescheidene *Lonicera x purpusii* ›Winter Beauty‹ hat kleine, cremefarbene, stark duftende Blüten. Wir haben diese Entscheidung nicht bereut. Die lange Blütezeit, ähnlich der des Winterjasmins, war wunderbar. Von November bis März/April wurden wir täglich von ihrem betörenden Duft begrüßt. Die Blüten sind nicht groß oder überwältigend, aber es ist der feinste Duft, den es zu dieser Jahreszeit gibt. Wenn der Strauch zu groß wurde, haben wir ihn im Frühjahr gleich nach der Blüte zurückgeschnitten, bevor der neue Austrieb kam. Nur die ältesten Zweige wurden gestutzt, so dass im nächsten Jahr immer noch eine üppige Blüte vorhanden war und die Pflanze im richtigen Größenverhältnis zu ihren Nachbarn stand. Die vielen kleinen Seitentriebe habe ich immer wieder für eine kleine Vase im Bad abgeschnitten. Es gibt nichts Schöneres, als beim Zähneputzen die schönen Details der Blüten zu sehen und zu riechen.

Berberis darwinii

Ich bin kein großer Fan von Berberitzen. Im Gegenteil, nach meinem Praktikum in einer holländischen Baumschule, die auf Gehölze für öffentliche Grünanlagen spezialisiert ist, habe ich genug Berberitzen (und Knallerbsenbüsche) für den Rest meines Lebens gesehen. Ich finde Pflanzen mit Stacheln oder Dornen unsympathisch – meine spät entdeckte Liebe zu Rosen einmal ausgenommen –, und da Berberitzen immer drei Dornen an jedem Blattstielansatz haben, manche sogar mehrere Zentimeter lang, stehen sie ganz oben auf meiner Liste der unsympathischen Pflanzen. Deshalb war ich entsetzt, als ich als eines der wenigen Gehölze in unserem neuen Garten bei der Übernahme eine Berberitze sah. Eine zwei Meter hohe Darwin-Berberitze, die so heißt, weil Darwin sie auf seiner Reise mit der »Beagle« in Südamerika entdeckt hat. Aber wie der Rasen stellte sie kein brennendes Problem dar, und so wurde sie erst einmal in Ruhe gelassen. Mit der Zeit merkte ich, dass sie gar nicht so schlecht war. Die Vögel umschwärmten sie: Das dichte Geäst, die immergrünen Blätter und die kleinen blauschwarzen Früchte im Spätsommer machten sie zu einem unverzichtbaren Treffpunkt. Die orangefarbenen Blüten, die Ende März/Anfang April erschienen, waren auch bei den Insekten der Hit. Und im Gegensatz zu der *Berberis julianae* aus meiner Kindheit mit ihren drei bis vier Zentimeter langen Dornen oder der gemein dornigen *Berberis thunbergii*, die gefühlt alle Grünflächen der Niederlande füllt, hat die *darwinii* nur harmlose kleine Pikser. Aber die kleinen Blätter, meist nicht viel länger als ein Zentimeter, sehen aus (und fühlen sich an) wie Mini-Stechpalmenblätter. Leider ist dieser Strauch, wie viele andere Immergrüne, nur bedingt winterhart.

Farben der Jahreszeit

Der Vorgarten folgte keinem bestimmten Farbschema. Er sollte einfach bunt sein. Weiß, gelb, orange, rot, violett, lila und blau. Ganz schön durcheinander, denken Sie vielleicht, aber so wirkte es letztlich nicht. Die Natur hat ihre eigenen Wege, um ein allzu großes Farbchaos zu vermeiden: Zu bestimmten Jahreszeiten dominieren bestimmte Farben, während andere kaum zu finden sind.

Der farbliche Start im Jahr ist immer eher bescheiden, aber ich freue mich über jede Farbe, die sich dann schon zeigt. Im Winter und Vorfrühling dominieren Weiß und Gelb mit Schneeglöckchen, Winterlingen, vielen Zaubernüssen, winterblühendem Jasmin, Haselnuss und Scheinhasel, Wachsglocke, Kornelkirsche und Forsythie. Etwas Rot und Orange von den Zaubernüssen, Rosa und Weiß von den winterblühenden Schneebällen und der Japanischen Zierkirsche und Blau von den ersten Krokussen, Puschkinien, Traubenhyazinthen, Hyazinthen und frühen Rhododendren. Und natürlich die fröhlichen Narzissen in Weiß und Gelb (die mit den lachsfarbenen oder orangefarbenen Trompeten begeistern mich nicht so).

Ab Ende März/Anfang April, wenn der Frühling so richtig loslegt und die Pflanzen in allen Ecken des Gartens zum Leben erwachen, wird es richtig bunt. Bei den farbenfrohen Tulpen und Rhododendren ist fast jeder Farbton im Angebot. Ab Mai tanzen Akeleien leichtfüßig ihr Ballett in Weiß, Grünweiß, Gelb, Rot, Dunkelrot, Tiefviolett, Dunkelblau, Zartblau oder frischem Rosa.

Ich freue mich auf diese Farbenpracht: Nach den langen Wintermonaten tut es der Seele einfach gut. Bis Ende Mai/Anfang Juni darf unbeschwert gesungen und getanzt werden, doch dann wird es ernst mit dem herannahenden Sommer. Jetzt gilt es, sich auf das riesige Blütenangebot zu konzentrieren. Hunderte von zarten Storchschnäbeln in Rosa, Blau, Weiß und Violett. Die dicken Pfingstrosen, die meisten in Weiß, Creme, Rosa oder Rottönen. Nicht zu vergessen: der majestätische Rittersporn in seinen einzigartigen Blautönen (der, wie bereits erwähnt, bei uns aber leider nicht gedieh). Und natürlich die farbenfrohe Pracht von Tausenden von Rosen, die zu dieser Jahreszeit allen anderen die Show stehlen. Fast all diese Pflanzen haben frische, klare Farben, die widerspiegeln, wie erfrischt die Pflanzen nach einem erholsamen Winterschlaf kurz vor Beginn der Sommersaison sind. Doch diese Frische hält nicht lange an. Wenn sich der Juni dem Ende zuneigt, die Temperaturen über dreißig Grad steigen, die Sonne vom Himmel brennt und die Tage am längsten sind, gewinnen die Farben an Intensität. Der Hochsommer ist die Zeit der intensiven, satten Farben, dann sind die Beete voll mit Korbblütlern wie den vielen Sonnenblumen und ihren nahen Verwandten in verschiedenen Gelbvarianten. Die eine oder andere ist auch mal orange oder rot, aber selbst die klassischen Sonnenhutsorten, die rosa oder weiß sind, haben nichts Leichtes oder Durchsichtiges an sich. Natürlich gibt es Ausnahmen, beispielsweise bei den Phloxen.

Vor den Fenstern der ehemaligen Bäckerei, die später mein Büro beherbergte, machten im Hochsommer die kühlen, frischen Frühsommerfarben Platz für intensive, satte Sommerfarben: Die gelbe Sonnenbraut ›Butterpat‹ hat bis in den Frühherbst hinein geblüht und bekam dann Gesellschaft von Raublatt-Astern wie der dunkelpinken ›Alma Pötschke‹ rechts, begleitet von Pfeifengräsern.

Mitte August ist eine Zeit, die mich an meine Kindheit erinnert, als der Morgentau auf dem Rasen und die charakteristischen Spinnennetze auf den Pflanzen das Ende des Sommers ankündigten und ich wusste, dass bald wieder die Schule begann. Abends wird es früher dunkel, die Nächte werden kühler, die Schatten länger. Die Sonne verliert an Kraft. Mit diesem subtilen Wechsel der Jahreszeiten geht auch ein Wechsel der Farben einher. Die satten Farben verschwinden und machen Platz für Pastelltöne. Die beiden wichtigsten Pflanzengruppen in dieser Jahreszeit sind die zahlreichen Astern und ihre nahen Verwandten und natürlich die Gräser, die selten eine klar definierbare Eigenfarbe haben, sondern sich meist irgendwo zwischen Grün, Beige, Violett, Rosa und Silber bewegen.

Die Farbenpracht des Herbstes beginnt meist schon Ende September, wenn die ersten Gehölze wie Spindelstrauch und wilder Wein ihr Herbstspektakel beginnen. Die reifenden Früchte, wie Zieräpfel und Ebereschen, tragen ihren Teil zum Herbstfest bei, während die Herbstchrysanthemen mit ihren warmen Farben, die so gut zum Herbstlaub passen, loslegen. Jedes Jahr beobachte ich, wie sich manche Gehölze von der bevorstehenden Wintersaison überraschen lassen, wenn die Buchen erst im November ihr buntes Herbstkleid überziehen, während die ersten schon längst ihr Köfferchen gepackt und sich in Wintergarderobe verabschiedet haben.

Die Schattenecke

Ich bin in einem Garten mit großen Schattenbereichen aufgewachsen und liebe die vielen Pflanzen, die sich dort wohlfühlen. Dekorative Blattschmuckstauden, zarte, feine Blüten, zarte Farben. Die besten Bodendecker sind Schattenhelden – Pflanzen, die mit erstaunlich wenig Licht und Wasser die Erdoberfläche so bedecken, dass Unkraut keine Chance hat und die Erde vor austrocknendem Wind und Sonne geschützt ist. Es fiel mir daher nicht leicht, mich nun auf die Verhältnisse in unserem Garten in Coleshill einzustellen. Dort gab es fast nur volle Sonne und nackte Erde. Deshalb mochte ich die beiden Bäume, die wir gepflanzt hatten: die Eberesche vorne an der Straße und den Zierapfel schräg gegenüber am Haus. Die Flächen unter diesen beiden Bäumen boten meine ersehnten Schattenplätzchen, wo ich wenigstens einige meiner Lieblingsblumen pflanzen konnte. Einige – wie die Akelei und der Nesselkönig – wuchsen unter beiden Bäumen. Ich finde es immer gut, Pflanzen in einem Beet oder einem Bereich an unterschiedlichen Orten zu wiederholen, das schafft Verbindung.

Unter dem Zierapfel war meine Lieblingsecke, weil ich dort fast auf Augenhöhe mit den Pflanzen war. Dieser Bereich war erhöht und nah am Weg, der um das Haus herum nach hinten führt, und war von einer über einen Meter hohen Stützmauer eingefasst. Vom Weg aus hatte man einen ungewöhnlich bodennahen Blick ins Beet, als wäre man selbst ein kleines Gartenwesen.

Blick auf die schattigen Schätze: Der Rosenbogen mit der Rose ›Albertine‹ markierte den Übergang zwischen dem hinteren Garten und dem Vorgarten, hier mit Blick in den Vorgarten und auf den Zierapfel *Malus transitoria* sowie die schattenliebende Unterpflanzung mit Wolfsmilch *Euphorbia cyparissias* ›Fens Ruby‹, Salomonssiegel, Stinkende Nieswurz *Helleborus foetidus* und Akelei.

Die Ecke wurde mit Pflanzen gefüllt, deren Blätter schon an sich »Schmuckwert« hatten. Blätter sind für mich besonders wichtig, da eine Pflanze nicht immer blüht. Deshalb schätze ich es, wenn dann zumindest ihre Blätter etwas zum Gartenbild beitragen. Delavayi's Strauchpfingstrose stand neben dem Zierapfel und verlängerte den Schatten in der Ecke. Obwohl ihre Blütezeit sehr kurz ist, ist es eine attraktive Blattpflanze mit herrlich duftenden, einfachen roten Blüten, deren Außenseite wie mit Goldstaub bestäubt aussieht. Strauchpfingstrosen vertragen leichten Schatten.

Doch der wichtigste Strukturbringer in meinem Schattenbeet unter dem Zierapfel war das Salomonssiegel. Es ist eine der schönsten und elegantesten Schattenstauden, robust und trockenheitsverträglich, und hat einen besonders reizvollen Wuchs. Die leicht überhängenden Triebe mit sehr gleichmäßig angeordneten Blättern neigen sich alle in dieselbe Richtung. Die schlanken, weißen, glockenförmigen Blüten hängen bescheiden an der unteren Seite des Blattstiels und waren in unserem erhöhten Beet ausnahmsweise besonders gut zu sehen. Unschlagbar, wenn es um Blattschmuck geht, sind natürlich die Funkien. Hier wollte ich keine zu hohe Sorte, da ich sie ja von der Seite betrachten wollte, und wählte *Hosta* ›Halcyon‹ mit eleganten, relativ kleinen blaugrauen Blättern. Die graublättrigen Sorten scheinen für Schnecken nicht so attraktiv zu sein. Am Rand des Beetes bedeckten Bergenien die Mauerkante – auch keine besonders attraktive Pflanze, oft missbraucht in öffentlichen Grünanlagen, aber eigentlich eine gute Blattpflanze mit großen, glänzenden und wintergrünen Blättern. Der Nesselkönig, *Lamium orvala*, gefällt mir wegen seiner subtilen, zarten Schönheit. Im Gegensatz zu den kriechenden Taubnesseln ist er eine attraktive, aufrechte Frühlingspflanze. Der Reiz liegt im Detail: Seine neuen Blätter haben einen feinen, leicht rötlichen Rand, in genau demselben Farbton wie die altrosa Blüten.

Als lockerer Bodendecker pflanzte ich *Euphorbia cyparissias* ›Fens Ruby‹, die Purpur-Zypressen-Wolfsmilch, in der Hoffnung, dass sie einen Teil der Fläche erobert. Sie wächst locker, so dass sich andere Pflanzen dazwischen ansiedeln können, ohne sich bedrängt zu fühlen.

Der Waldscheinmohn war ein freundlicher Gast, der lange blüht, aber nur kurzlebig ist. Das stört mich nicht, denn er sät sich gerne wieder aus. Dieser kleine orangefarbene Geselle hat die Ecke belebt, weil er immer wieder woanders auftauchte, wo er Platz fand.

Im zweiten Schattenbereich, an der Straße, unter der *Sorbus hupehensis*, der Weißen Ziereberesche oder Mehlbeere, war ein kleines Frühlingsparadies. Kleine Schlüsselblumen, frühe Zwiebeln, aber auch hier der Nesselkönig und natürlich viel Akelei. Am Rande des Geschehens wuchs *Ajuga reptans* ›Catlin's Giant‹. Wo es diesem Bodendecker zu dunkel wurde, verschwand er, der Sonne entgegen.

Selbstaussäer

Für mich ist es immer ein Kompliment, wenn Pflanzen sich wohl fühlen und sich selbst aussäen. Meistens finden sie den perfekten Platz, an dem sie glücklich sind, und verändern das Bild des Gartens von selbst. Dadurch entsteht eine Dynamik, die ich sehr liebe. Ob sich eine Pflanze selbst aussät, ist schwer zu sagen. *Dierama pulcherrimum* oder Trichter-Schwertlilie hat sich beim Nachbarn fröhlich von allein ausgesät, bei mir nie. Dierama ist eine der elegantesten Stauden, die ich kenne, mit langen, zierlichen, überhängenden Blütenstielen, mit eleganten lilaroten Röckchen wie tanzende Engel. Sie ist allerdings auch eine der zickigsten Stauden, die dabei sogar den Rittersporn übertrifft. Ich habe mindestens sieben Mal versucht, diese Pflanze zu etablieren. Mehrmals habe ich sie gekauft, gepflanzt und dann zugesehen, wie sie einfach nicht da sein wollte. Direktsaat hat auch nichts gebracht. Die Sämlinge der Nachbarin wollten auch nicht bei mir sein, obwohl sie bei ihr von allein aufgingen. Der Erfolg kam, nachdem ich selbst Pflanzen aus Samen vorgezogen und dann die Setzlinge gepflanzt habe. Als ich vor meinem Umzug nach Berlin einen Gartenfreund um Rat fragte, wie ich die Pflanze am besten umpflanzen könnte, war er entsetzt, dass ich sie ausgraben wollte. Seine Erfahrungen mit dieser eigenwilligen Pflanze waren offenbar nicht besser. Ich habe sie trotzdem ausgegraben und geteilt. Einige der Pflanzen haben es zu meiner großen Freude tatsächlich geschafft.

Dierama pulcherrima: Die eleganten rosa Glöckchen des Trichterschwertels begrüßten und verabschiedeten jeden Besucher. Doch sosehr ich es auch wollte – versamt hat er sich bei uns leider nie.

Auch wenn die Dierama mir nicht den Gefallen tun wollte, sich selbst auszusäen, gab es andere, die es willig taten. Einige von ihnen tauchten jedes Jahr irgendwo auf, mal im Vorgarten, mal ganz hinten oder in der Nähe der Küchenterrasse. Diesen Überraschungseffekt finde ich spannend. Man weiß nicht, wo die nächsten Sämlinge erscheinen, und oft entdeckt man völlig unerwartet wunderschöne neue Kombinationen.

Ein wichtiger Selbstaussäer war *Euphorbia characias* ssp. *wulfenii.* Ich liebe Wolfsmilch in all ihren Formen, aber diese mediterrane Wolfsmilch ist mein Favorit. Sie ist eine einzigartige Strukturpflanze, die das ganze Jahr über präsent ist. Am Ende des Winters beginnen sich ihre Triebspitzen nach unten zu biegen. Nach und nach richten sie sich auf, und die Blütenknospen entwickeln sich zu zahlreichen runden grünen Tellerchen mit zwei kleinen dunklen Augen, die die eigentlichen Blüten bilden, während die kleinen grünen Tellerchen nur Zierde sind, die schon im Knospenstadium hübsch aussehen und bis zur Reife der Samenkapseln im Frühsommer dekorativ bleiben. Erst dann sollte man die vertrockneten Blütenstiele entfernen, aber die neuen Triebe, die im nächsten Frühjahr blühen werden, stehen lassen. Wenn die kleinen runden Samenkapseln reif sind, platzen sie mit einem lauten »Knack« auf und die Samen springen von der Mutterpflanze weg, um sich irgendwo in einer geeigneten Lücke einzunisten und zu keimen. Sie lieben trockene Ritzen im Mauerwerk oder Kies. Im Laufe der Jahre sind sie durch unseren Garten gewandert.

Die grüne Blütenfarbe harmoniert mit allen Farben, die Größe der Pflanze (sie wird etwa einen Meter hoch und breit) und die wintergrünen Triebe machen sie zu einer wichtigen Strukturpflanze für den sonnigen, trockenen Garten.

Zartes Federgras oder *Stipa tenuissima* ist eine kleine, aber weitere wichtige Texturpflanze, die sich fröhlich versamt. Diese Eigenschaft der Pflanze gefällt mir sehr, nicht nur, weil ich es mag, wenn sie sich in großen Mengen ausbreitet und ihre luftigen Blüten sanft im Wind wehen, sondern auch, weil sie sich dadurch selbst erneuert. Im ersten Jahr sind die hellgrünen, haarfeinen Blätter und Blütenstiele zart und weich. Am Ende des Winters treiben die neuen aus, aber die alten, abgestorbenen sind noch da. Das lässt mich immer wieder ver-

Das zarte Federgras *Stipa tenuissima* säte sich dort aus, wo es Platz fand. Im Frühjahr wurden die gut platzierten Sämlinge in Ruhe gelassen, die, die im Weg standen, umgepflanzt oder getopft, während die alten Pflanzen entfernt wurden.

zweifeln. Schneide ich sie zurück, sieht sie aus wie ein Rasierpinsel. Lasse ich sie stehen, geht die frische, luftige Wirkung der Pflanzen verloren. Meistens versuche ich, die abgestorbenen Teile herauszuzupfen oder mit dem Rechen auszukämmen, aber der Effekt ist unbefriedigend. Deshalb liebe ich es, wenn ich frische Sämlinge entdecke, dann dürfen die stehen bleiben und die alten Pflanzen landen auf dem Komposthaufen. Sie entwickeln sich schnell, und die überzähligen können leicht ausgezupft werden.

Die Spornblume, *Centranthus ruber*, ist weniger eine Strukturpflanze als eine lang blühende, zuverlässige, sonnenliebende Staude, die Lücken füllt. Es gibt sie in Weiß, Rosa und Rosarot. Die kleinen Blüten erscheinen zahlreich über einen langen Zeitraum in großen, abgerundeten Rispen. Es ist eine der wenigen Stauden, bei denen es sich wirklich lohnt, im Frühsommer, wenn die erste Blüte zu Ende geht, die verblühten oder fast verblühten Stängel zurückzuschneiden, damit eine zweite, fast ebenso üppige Blüte kommen kann. Wie bei den meisten Dauerblühern sind Spornblumen leider nicht besonders langlebig, aber meistens gelingt es einigen Samen, sich mit Hilfe winziger, flauschiger Fallschirme irgendwo in der Nähe der Mutterpflanze auszubreiten.

Für Mohnliebhaber wie mich gibt es einen Mohn, den ich wirklich empfehlen kann und der sich in zwei etwas schattigeren Ecken des Gartens zu Hause fühlte: *Papaver cambricum*, früher auch als *Meconopsis cambrica* bekannt, hat meist gelbe oder orangefarbene Blüten, obwohl es auch eine rote Variante gibt, den Waldmohn ›Frances Perry‹. Auf einer Höhe von etwa dreißig Zentimetern erscheinen die fröhlichen Mohnblüten den ganzen Frühsommer bis in den Sommer hinein. Ich behandle sie wie eine zweijährige Pflanze und achte darauf, dass einige Samenkapseln stehen bleiben, damit sie sich aussäen können.

Die Wiesenraute ist vielleicht keine klassische Cottage-Garten-Pflanze, aber sie passt wunderbar dazu. Eine besonders gute Form der Gelben Wiesenraute *Thalictrum flavum* ssp. *glaucum* habe ich in Hadspen erworben, in dem wunderschönen Farbgarten des kanadischen Ehepaars Nori und Sandra Pope in Somerset. Dieser Garten war, wie bereits erwähnt, eine große Inspiration für uns und wir haben ihn oft besucht. Nicht nur die Staudenrabatten dort waren brillant farbig komponiert, sondern auch die vielen interessanten Pflanzen, die man in der kleinen Gärtnerei nebenan kaufen konnte. Viele dieser Pflanzen begleiten uns heute noch und gehören zu meinen Favoriten. Die flauschigen Blüten meiner Wiesenraute sind erfrischend zartgelb und ergänzen das dekorative bläuliche Laub sehr gut. Der neue Austrieb hat eine leicht rötliche Färbung, die später verschwindet, und die Pflanze hat attraktive Samenstände, die sich leider gerne aussäen. Normalerweise finde ich Selbstaussäer gut, aber diese verankern sich sehr schnell sehr fest im Boden, so dass man sie nicht mit der Hand ausreißen kann, und sie fühlten sich leider sehr wohl bei uns. Sie versamten sich teils mitten in andere Pflanzen hinein und drohten, diese zu verdrängen. Von dieser Wiesenraute habe ich gelernt, derartige Invasionen zu vermeiden, indem ich die Pflanzen entweder ganz entferne oder zumindest nach der Blüte zurückschneide und auf ihren Winterschmuck verzichte.

Abgesehen von solchen Ausnahmen habe ich mich aber immer über Lücken füllende Selbstaussäer gefreut und ab und zu habe ich sogar bewusst Saatgut ins Beet gestreut, aber meistens kamen sie von ganz allein, Huckepack auf anderen Pflanzen oder einem Tier, im Kompost oder einfach mit dem Wind. Ihre Wanderungen durch den Garten haben sein Erscheinungsbild mitgeprägt.

DAS HERZ DES GARTENS:
Der Schuppenbereich und die Küchenterrasse

So wie jedes Haus ein Herz hat, einen Mittelpunkt, an dem sich alle treffen, so braucht auch der Garten einen Ort, an dem ein Großteil der Aktivitäten stattfindet. Im Haus ist das meist die Küche. Sie ist der Maschinenraum des Hauses, in dem nicht nur gekocht wird, sondern in dem sich das Leben abspielt. Im Garten ist es eigentlich die Ecke, wo Schuppen, Kompost, Wasch- und Abstellplatz, Gewächshaus und Wasserhahn zusammenkommen. Leider ist das nicht immer so gebündelt, aber wenn man die Möglichkeit hat, lohnt es sich, diesen Ort neu zu gestalten. Idealerweise sollte er so geplant werden, dass alle wichtigen Bereiche gut erreichbar sind. Wenn man das Haus vom Garten aus betritt, sollte der Eingangsbereich so gestaltet sein, dass es eine praktische Ecke gibt, in der man Regenjacke und Stiefel ablegen kann. Oder Platz für wichtige Werkzeuge wie Schere, Handschuhe, kleine Schaufeln, Bast und andere Utensilien, die man öfter braucht. Ein Platz, um sich die Hände zu waschen, das Gemüse zu putzen, um nicht zu viel Erde mit ins Haus zu nehmen, und wo man Blumensträuße binden kann. Eine Ecke zum Pflanzen und Topfen, wo es auch Wasser gibt, entweder einen Wasserhahn mit Schlauchanschluss oder ein Becken, in das man die Pflanzen oder die Gießkanne eintauchen kann. Von hier aus sollte der Weg zum Komposthaufen und zum Schuppen so kurz wie möglich sein, um unnötige Wege zu vermeiden. In einem Zeitalter, wo wir sowieso immer sehr beschäftigt sind und keine Unterstützung von Gärtnern, Haushältern oder anderem Personal haben, ist es wichtig, die Gestaltung solcher Bereiche gut zu durchdenken und umsichtig zu planen. Es muss praktisch sein. Und wie in der Küche darf dieser Bereich ruhig auch schön gestaltet sein!

Der Schuppenbereich

Das Herz unseres Gartens war die Hauptterrasse hinter dem Haus. Hier trafen Vorgarten, Hauptgarten, Haus und Schuppen aufeinander, und hier gab es den einzigen Wasserhahn für den Schlauch. Es war der Bereich, der am intensivsten genutzt wurde, bei der Gartenarbeit, aber als auch Ort, wo man sich traf.

An das Wohnhaus schloss ein großer Schuppen an. Im Gegensatz zu den Cottages in der Gegend war dieses zweistöckige Gebäude aus rotem Backstein gebaut und ehemals die Backstube der Dorfbäckerei gewesen. Im Erdgeschoss befand sich in einer Ecke noch der Rest des Holzofens, auf dem Dachboden lagerte früher das Mehl. Durch eine Luke wurden die vollen Mehlsäcke hochgezogen, und durch einen hölzernen Trichter, der in den Dielenboden eingelassen war, konnte es direkt in die Backstube geschüttet werden. Die Backstube war nicht nur geräumig genug, um ein großes Regal mit Blumentöpfen, Vasen, kleinem Werkzeug und Dünger unterzubringen, sie hatte auch einen großen Topftisch vor dem kleinen Fenster, auf dem ich an regnerischen Tagen aussäte, Stecklinge zog, Sämlinge pikierte und Pflanzen ein- und umtopfte. Dieser geräumige Schuppen war ein Segen. Im Herbst wurden auf dem Boden die Äpfel gelagert, aber auch für die Dahlienknollen war es dort ideal: kühl, trocken und frostfrei.

Rechts neben dem Eingang zum Schuppen stand eine große rechteckige verzinkte Zisterne, in der sich das Regenwasser vom Dach sammelte. Die eine Hälfte war mit einer schönen großen Schieferplatte abgedeckt, die wir im Garten gefunden hatten. Die andere Hälfte war gerade groß genug, um einen Eimer oder eine Gießkanne bequem hineinstellen zu können. Regenwasser kostet nichts und ist doch von unschätzbarem Wert. Es ist das beste Wasser, das man Pflanzen geben kann. Im Gegensatz zu Leitungswasser ist es weich, hat einen niedrigen pH-Wert und ist frei von Chemikalien wie Chlor. Ich spare das Regenwasser immer für Sämlinge, Stecklinge und andere Jungpflanzen auf, verwende es aber auch, wenn möglich, für meine Kübelpflanzen. Vor allem Pflanzen, die mehr als eine Saison im selben Kübel stehen, haben oft zu kämpfen, denn der Kalk aus dem Leitungswasser verändert im Laufe der Jahre den pH-Wert der Erde, was nicht jede Pflanze mag. Vor allem

Am Ende der Küchenterrasse, neben der Tür zum Schuppen, stand ein großer Wassertank, wo Sämlinge und frisch getopfte Jungpflanzen standen. Am Fuß hatte sich Frauenmantel zwischen dem alten Klinker ausgesät. Das Chinaschilf schloss den Bereich ab.

Heidekrautgewächse wie Rhododendren und Azaleen, aber auch Zitruspflanzen und Passionsfrüchte fühlen sich dann nicht mehr wohl.

Auch wenn sich der Wasserspeicher im Laufe des Sommers immer wieder leert, füllt er sich nach einem kräftigen Gewitter schnell wieder auf, so dass die Pflanzen nicht allzu lange mit anderem Wasser gegossen werden müssen.

Am Wassertank befand sich meine Sammelstelle für bedürftige Pflanzen. Frisch pikierte Sämlinge, neu getopfte Jungpflanzen, neu eingetroffene Trophäen, die von irgendwo oder irgendjemand mitgebracht wurden und noch auf ihren endgültigen Platz im Garten warteten – alles, was ich nicht vergessen durfte und regelmäßig im Auge behalten musste. Ein bisschen wie auf der Intensivstation.

Die Küchenterrasse: Eichenbohlen statt Beton

Direkt neben der Küche befand sich die Hintertür zum Garten, was sehr praktisch war. Der Bereich war einfach betoniert. Praktisch für einen Bäcker, aber nicht schön fürs Auge und auch nicht angenehm zum Gehen, besonders im Sommer, wenn ich im Garten gerne barfuß bin.

Wir fanden eine Lösung, nachdem wir unseren preisgekrönten Garten auf der Hampton Court Flower Show gebaut hatten. Es war der erste Showgarten überhaupt (im Jahr 2000!), der sich mit biologischem und ökologischem Gärtnern beschäftigte. Wir erhielten nicht nur eine Goldmedaille, sondern auch die begehrte Auszeichnung »Best in Show« (heißt: das Beste, was in dem Jahr dort zu sehen war). Unser Anliegen galt dabei vor allem der Pflanzenvielfalt, von Stauden und Gräsern bis hin zu Gehölzen, Kräutern und Gemüse, vorrangig Pflanzen, die auch für unsere kleinen Mitbewohner etwas zu bieten haben. Themen wie biologischer Anbau, nachhaltige Materialien, Wassersparen und Gebäudebegrünung standen im Zentrum.

Der Hauptweg und die beiden Pavillons wurden vom Tischler des Dorfes aus grüner Eiche gebaut. Eiche ist ein europäisches Hartholz, das traditionell häufig in Gärten verwendet wird. Es wächst langsam und ist sehr widerstandsfähig. Wir verwenden auch bei der Planung für die Gärten unserer Kunden häufig grüne Eiche für Pergolen, da es auch ohne Behandlung eine lange Lebensdauer hat. Wenn das Holz noch frisch oder »grün« ist, wird es im Garten langsam trocknen. Es kann sich noch ein wenig bewegen und es können sich Risse bilden, aber das ist bei natürlichen Materialien erlaubt und trägt zu ihrem Charakter bei. Die noch recht hellen, dicken und schweren Eichenbohlen wurden bereits im Winter bestellt und zu uns geliefert, so dass sie noch ein halbes Jahr draußen liegen konnten, um langsam zu trocknen und auch schon ein wenig Patina zu bekommen.

Auf der Hampton Court Flower Show bekamen wir 2000 eine Goldmedaille und den Preis für den besten Showgarten für unseren Garten »Go Organic« zum Thema umweltfreundliches, biologisches Gärtnern. Elemente aus diesem Garten fanden danach ihren Weg zurück in unseren Cottage-Garten.

Mitte Juni wurden sie dann nach London transportiert. Da wir nach der Show kein dauerhaftes Zuhause für den Schaugarten gefunden hatten, wurden alle Pflanzen verkauft und die Pavillons, die Teil des Gartens waren, abgebaut. Die Bohlen kamen zurück nach Coleshill, und wir beschlossen, eine Terrasse daraus zu bauen. Oft werden nach solchen Shows und Gartenfestivals viele der Baumaterialien einfach weggeworfen, was nicht sehr nachhaltig ist. Sie zu entsorgen, wäre wirklich schade gewesen. Wir haben die vorhandene Betonfläche im Garten erhalten und darauf einen Rahmen aus dünnen Holzlatten errichtet, auf dem die schweren Balken befestigt wurden. Eine einfache und dauerhafte Lösung, die viele Jahre gehalten hat. Die neue Terrasse war wunderschön. Das satte Geräusch beim Betreten und der silbergraue Anblick des lebendigen Holzes waren ein Genuss. Auch das Barfußlaufen war ein Vergnügen, selbst an kühleren Tagen.

Der große Tisch

Auf der Terrasse, gleich neben der Küchentür, stand ein großer Picknicktisch. Wir hatten ihn irgendwo in der Gegend gesehen, für wenig Geld gekauft und mit Außenfarbe in einem schönen dunklen Rot gestrichen. Niemand hätte ihn klauen können, dafür war er viel zu schwer. Es war sicher nicht das eleganteste Gartenmöbel, dafür aber funktional und rustikal und konnte das ganze Jahr über draußen stehen bleiben, was mir sehr wichtig war. Man darf den ersten schönen Frühlingstag nicht verpassen, an dem man so gerne draußen sitzen möchte, um zu Mittag zu essen. Wie oft steht man da und stellt fest, dass der

Auf der Terrasse am Hintereingang stand ein viel genutzter großer Tisch mit Sonnen-/Regenschirm. Der Schuppen in der ehemaligen Bäckerei im roten Backsteingebäude verschwand im Laufe der Jahre hinter einem grünen Kleid von Kletterpflanzen und exotischen Gehölzen wie der Blauen Säckelblume. Im Vordergrund *Papaver* ›Saffron‹ in voller Pracht.

Tisch noch hinten in der Garage lagert, die Stühle im Schuppen und die Kissen auf dem Dachboden sind. Dann beschließt man, dass die Zeit zu knapp ist, um den ganzen Aufwand zu betreiben, und nimmt sich vor, später alles für den nächsten sonnigen Tag vorzubereiten. Aber damit hat man den wertvollsten ersten Tag verpasst! Ich hingegen musste nur den Tisch abwischen, die Sitzkissen auslegen, und wir konnten sofort das schöne Wetter genießen.

In die Mitte der Tischplatte hatten wir ein Loch für den großen Sonnenschirm gebohrt. Er kam im Frühjahr aus dem Schuppen und blieb bis zum Herbst auf der Terrasse. Nicht, dass wir in England so viele unerträglich heiße Sonnentage gehabt hätten, aber es gab immer wieder Regentage, an denen wir sehr froh waren, nicht gleich wieder ins Haus rennen zu müssen, sondern geschützt draußen sitzen zu können. Auch die Gartentischdecken bekamen alle ein Loch, damit der Regenschirm durchpasste und das Essen draußen doch etwas zivilisierter aussah.

Alle drei bis vier Jahre bekam der Tisch einen neuen Anstrich, um das Holz zu schützen. So wechselte das Dekor, denn es durfte auch mal eine andere Farbe sein, solange sie gut in den Garten passte.

Obwohl es im Garten mehrere Sitzgelegenheiten gab, wurde fast immer an diesem Tisch gegessen, aus einem einfachen Grund: Er stand in der Nähe der Küche. Ist der Tisch zu weit vom Haus entfernt, ist der Weg für das vergessene Salz unpraktisch weit. Ein Tablett mit Getränken oder eine Teekanne mit Tassen lassen sich leicht durch den Garten tragen, aber wenn es um ein richtiges Essen für mehrere Personen geht, sind solche praktischen Details sehr wichtig.

Von Aurikeln und dem Wettrennen der Pflanzen

Der Blick in den Garten aus der Küche war für mich mit am wichtigsten. In der Küche verbringe ich viel Zeit.

Wie in allen englischen Küchen wurde das Spülbecken vor dem Fenster eingebaut. Es ist sehr schön, beim Abwaschen oder Gemüseputzen vor sich hin zu träumen und den Garten mit seinem ganzen Vogel- und Insektenleben zu beobachten.

Vor dem Fenster draußen bauten wir ein breiteres Fensterbrett aus Eichenholz an. Darauf stand zu jeder Jahreszeit eine Reihe Tontöpfe mit blühenden Pflanzen. Möglichst alle von der gleichen Art oder zumindest von der gleichen Sorte. Im Herbst waren es kleine Hornveilchen, die während des Winters mit ihren fröhlichen Gesichtern für gute Laune sorgten. Mal gelb, mal orange oder blau – was auch immer mich in der Gärtnerei beim Kauf anlachte.

Florists' Flowers
Im Frühjahr sollte meine kleine Aurikelsammlung hier auf der Fensterbank zur Geltung kommen. Diese kleinen, altmodischen Blumen sind eine der wenigen mehrfarbigen Blumen, die ich sehr mag. Die Details jeder einzelnen Blume sind faszinierend. Ob einfarbig oder mit Ringeln in verschiedenen Farben, dunkelblau oder hellblau, violett, gelb, orange, rostorange, dunkelrot, weiß oder grün, dazu Blätter, Blütenstiele oder sogar Blüten, die anmuten, als seien sie mit Mehl bestäubt – jede von ihnen ist sehenswert und sie haben einen ganz eigenen Duft, den ich liebe.

Aurikelprimeln gehörten zu den Blumen der Floristen. Im 17. und 18. Jahrhundert waren das Blumen, die von Gartenbesitzern mit entsprechender Leidenschaft (und den finanziellen Möglichkeiten) für eine bestimmte Pflanze gesammelt und gezüchtet wurden. Zu dieser Zeit waren es vor allem die damals sehr teuren Tulpen, aber auch Aurikeln und Ranunkeln waren begehrt. Erst gegen Ende des 18. Jahrhunderts wurden die Pflanzen preiswerter, so dass sie sich jeder leisten und an den Wettbewerben um die schönste und beste teilnehmen konnte. Das Spektrum erweiterte sich und andere Blumen traten auf den Plan: Dahlien, Chrysanthemen, Nelken, Hyazinthen, Veilchen, Stockrosen und Anemonen wetteiferten darum, welche Blume am vollkommensten war.

Es gab Florists' Societies, wo man sich traf, um Erfahrungen und Pflanzen auszutauschen, wo es aber auch Wettbewerbe gab, wer die schönste oder beste Pflanze hatte. Wörtlich übersetzt heißt es etwas wie »Floristenvereine«, aber es hat nichts mit Blumenhandel oder dem Floristenhandwerk zu tun, sondern mit einer ehrgeizigen Sammelleidenschaft. Es geht um die Blume und ihre Vielfalt, um die ewige Suche nach Neuem. Daran hat sich im Laufe der Jahrhunderte nichts geändert. Wir sind immer noch auf der Suche nach der perfekten

Pflanze, sei es die schwarze Tulpe oder die blaue Rose. Diese Societies gibt es zum Teil immer noch. Die älteste ist *The Wakefield Tulip Society*, heute bekannt als *Wakefield and North of England Tulip Society*. Sie war eine der ersten Florists' Societies, gegründet 1836. Jedes Frühjahr findet in der Gegend von Wakefield in der Grafschaft Yorkshire eine Ausstellung statt, bei der die Mitglieder ihre englischen Tulpensorten präsentieren. Dabei handelt es sich zum Teil um Sorten aus dem 19. Jahrhundert, die geflammt oder gefiedert sind. Eingeteilt in verschiedene Kategorien, werden die Blumen noch immer in traditionellen braunen Bierflaschen ausgestellt und es findet ein Wettbewerb statt, wer die beste Tulpe produziert hat.

Die älteste nationale Vereinigung ist die *National Auricula Society*, gegründet 1873. Heute haben sie sich etwas geöffnet und lassen auch andere Primeln zu und sind als *The National Auricula and Primula Society* bekannt. Als Aurikel-Liebhaberin habe ich auch schon einige Male an ihrem Jahrestreffen teilgenommen. In einer großen Halle stehen Reihen von schmalen Tischen voller Pflanzen, die in viele verschiedene Kategorien eingeteilt sind. Jede Kategorie mit Reihen von Tontöpfen, gefüllt mit perfekt aussehenden Aurikeln. So schön die Pflanzen auch sind, das Schönste an dieser Erfahrung ist es, die Menschen zu beobachten: So sah ich dort häufig Männer, oft gebaut wie Schränke, die liebevoll ihre kleinen Aurikelschätze in ihren riesigen Händen hielten, um stundenlang lebhaft darüber zu diskutieren, warum diese Primel nun besser sei als die daneben. Selbst für mich war kaum ein Unterschied zu erkennen, aber für diese Männer schien die Frage lebenswichtig zu sein.

Es gibt immer noch viele dieser Vereine, einige spezialisiert auf eine bestimmte Gattung und aus einer Region, andere eher allgemein und landesweit, wie die berühmte *Royal Horticultural Society*, gegründet 1804. Mittlerweile hat die RHS mehrere große Gärten wie Wisley Garden und organisiert riesige Shows wie die Chelsea Flower Show. Aber neben dieser Professionalisierung veranstaltet die RHS immer noch mehrmals im Jahr auch Wettbewerbe für Laien, bei denen jeder mit einer Pflanze antreten kann, von der er der Meinung ist, dass sie etwas Besonderes ist.

In vielen Orten Englands findet zudem im Spätsommer immer noch die jährliche *Produce Show* statt, eine Ausstellung, auf der Nachbarn miteinander darum wetteiferten, wer das perfekte Obst, Gemüse oder die schönsten Blumen, aber auch die makellosesten Hühner und größten Kaninchen zu bieten hat und wer den besten Kuchen und die leckerste Marmelade zubereiten kann. Und wenn es nur die längste Brennnessel ist – jeder versucht, mit einem Superlativ zu glänzen.

Ob es sich um lokale oder landesweite Treffen handelt, ob es viele Kategorien gibt oder der Wettbewerb stark spezialisiert ist – im Zentrum steht immer eins: welches Erzeugnis das beste ist. Die Qualität muss erstklassig sein, denn wer die Dinge produziert, muss wissen, wie man eine perfekte, gerade, große Karotte, den längsten Lauch (in einer Regenrinne!) oder eine makellose Birne züchtet. Das Gemüse wird vorher sorgfältig geputzt, die Äpfel poliert, die Chrysanthemen frisiert. Alles soll perfekt sein. Kürbisse werden nach Geheimrezepten gedüngt und gewässert, um die schwersten Früchte zu bekommen. Ob sie dann noch genießbar sind, sei dahingestellt.

Auch in Coleshill gab es einen Gartenverein. Es gab monatliche Treffen im Pub, bei denen über alles rund ums Gärtnern gesprochen wurde. Größere Orte mit mehr Einwohnern und Mitgliedern können es sich leisten, Fachleute für Vorträge einzuladen. Unsere zwanzig Mitglieder konnten sich das natürlich nicht leisten, aber es war nett, sich in den Wintermonaten bei einem Bier zu treffen und Gartenbesuche für den Sommer zu planen.

Unsere gemeinsamen Sommerausflüge mit dem Verein waren immer sehr schön und lehrreich. Wir haben uns besondere Privatgärten ausgesucht und bei den Besitzern angefragt, ob wir ihre Gärten besichtigen dürfen. In den Cotswolds gibt es traumhafte private Anwesen, die einen Besuch wert sind. Ein besonderer Ausflug war beispielsweise der nach Highgrove, als der Garten noch wirklich privat war und nur sehr selten besucht werden durfte.

Jeden Sommer gab es außerdem auch bei uns eine Produce Show, an der wir teilnahmen. Unsere außergewöhnlichen Gemüsesorten, die es in keinem Laden zu kaufen gab oder die wir wegen ihres Geschmacks und ihres ungewöhnlichen Aussehens zogen, hatten jedoch nur wenig Chancen neben denen der Gärtner, die Erwerbsanbau betrieben, oder denen, die seit einem Vierteljahrhundert nur Gemüse anbauten.

Notfall-Kräuter

Obwohl wir im Gemüsegarten Kräuter im Beet anbauten, hatte ich immer einige häufig genutzte Kräuter in Tontöpfen auf der Fensterbank, falls ich beim Kochen schnell noch ein paar abzupfen musste. Es ist immer praktisch, Kräuter, die man oft braucht, in der Nähe der Küche zu haben, besonders die, die man erst zum Schluss ganz frisch zu einem Gericht hinzufügt. Wenn ich sonst in der Küche stehe und nur noch etwas Koriander, Petersilie oder Basilikum brauche, ist zumindest bei mir die Gefahr groß, dass mein Essen verkohlt ist, wenn ich zurückkomme, weil ich mich im Garten unterwegs von etwas habe ablenken lassen. Gerade bei einjährigen Kräutern finde ich es einfacher, sie selbst über

Auf dem Küchenfensterbrett standen immer frische Kräuter bereit.

einen längeren Zeitraum in einem größeren Topf zu halten, als sie ins Beet zu pflanzen (oder sie in zu kleinen Töpfen zu lassen). In größeren Töpfen haben sie mehr Platz für ihre Wurzeln und können länger wachsen, bevor der Platz und die Nährstoffe erschöpft sind. Dadurch werden die Pflanzen größer und kräftiger, leben länger und trocknen nicht so schnell aus. Wichtig ist, dass sie regelmäßig gegossen werden, damit sie keinem unnötigen Stress ausgesetzt sind. In unserem schweren, lehmigen Gartenboden hatten es ausgepflanzte Kräuterjungpflanzen zudem oft schwer. Sie waren vielen »Feinden« ausgesetzt, und man konnte leicht übersehen, wenn es zu trocken für sie wurde. Zudem ist die Umstellung beim Auspflanzen von der weichen, luftigen Blumenerde in den schweren Lehmboden für die kleinen, verwöhnten Wurzeln nicht leicht. Die Aussaat an Ort und Stelle ist einfacher und funktioniert gut bei winterharten Kräutern wie Petersilie oder Dill, aber schwieriger beim wärmeliebenden Basilikum – zumindest im kühlen, englischen Klima.

Das elegante Rote Büschelgras aus Neuseeland *Chionochloa rubra* bekam einen Platz in einem großen Stahlkübel, während an dessen Fuß Metallkörbe mit Dahlia ›Bishop of Llandaff‹ für sommerliche Abwechslung sorgten.

Kübel-Display

Als Blickfang neben der schönen Bank stand ein schlanker, hoher Pflanzkübel aus verzinktem Stahl, den uns unser Freund Dean gebaut hatte. Seine moderne Form passte gut zu der modernen Bank. Gefäße, die für sich stehen und an sich bereits ein Statement darstellen, müssen mit Bedacht bepflanzt werden. Man muss darauf achten, dass die Proportionen stimmen und die Pflanze zum Gefäß passt. Sie darf auf keinen Fall zu klein oder zu zurückhaltend sein. Wir hatten ein ganz besonderes, elegantes Gras gefunden, wintergrün mit bronzefarbenem Laub: *Chionochloa rubra* oder Rotes Büschelgras aus Neuseeland. Es wurde von Jahr zu Jahr üppiger und schöner. Alle paar Jahre zog es in einen größeren Topf um. Erst in elegante, schlanke Tontöpfe und dann zum Schluss in den hohen Stahlkübel von Dean. Hier war diese geradezu skulpturale Pflanze angekommen und sah einfach grandios aus, im Sommer wie im Winter.

Vor dem Bad an der Hauswand standen vier quadratische, fein geflochtene, schlanke Drahtkübel (eigentlich Papierkörbe). Diese wurden im Frühjahr mit Tulpen bepflanzt, gefolgt von höheren Sommerblühern. Immer nur eine Sorte, damit die vier Gefäße eine Einheit bildeten. Dahlia ›Bishop of Llandaff‹ mit ihrem dunkelroten Laub und den feuerroten, einfachen Blüten begleitete uns öfter. Sie ist eine der ältesten Sorten, die es noch auf dem Markt gibt, was für ihre Qualität spricht. Ein anderer Favorit, den wir oft gepflanzt haben, ist ein wunderschöner Australischer Ziertabak, *Nicotiana suaveolens*. Diese Wildsorte ist nicht sehr verbreitet, wahrscheinlich, weil ihre feinen Blüten kleiner als üblich und weiß sind. Ihre Stärke liegt nicht so sehr in ihrem Aussehen, sondern in ihrem herrlichen Duft. Sie ist eine der Pflanzen, die ihren bezaubernden Duft am Abend und in der Nacht verströmt. Morgens, wenn ich ins Bad kam, hing dieser Duft, dank des offenen Fensters, immer noch in der Luft.

Zwiebellasagne

Für den Frühling wurden diese und andere größere Tonkübel auf der Terrasse mit Zwiebeln bepflanzt. Eine Reihe von vier blau lasierten Kübeln stand neben der Tür zum ehemaligen Bäckerladen. Fast jeden Frühling gab es *Narcissus* ›Peeping Tom‹, eine der *Cyclamineus*-Narzissen, die mir immer gute Laune machen, weil sie ein fröhliches, langes Schnütchen und freche, nach hinten gebogene »Ohren« haben. Darauf folgten Tulpen, meist eine Kombination aus frühen und späten, jedes Jahr andere Mischungen. Ich liebe Papageientulpen mit ihren extravaganten Blütenblättern, wie die feuerrote ›Rococo‹. Aber es gab auch ganz dezente, wie die weiße ›White Triumphator‹, eine große, elegante lilienblütige Tulpe. Auf den Picknicktisch kamen immer kleinere schöne Tontöpfe, die die Zwiebelsaison einläuteten, unter anderem mit Krokus ›Cream Beauty‹, Narzisse ›Tête-à-Tête‹, Traubenhyazinthen und auch der Hyazinthe ›Delft Blue‹.

Je größer der Topf, desto mehr unterschiedliche Sorten finden darin Platz. Die kleineren Töpfe werden nur »zweilagig« mit kleinen Narzissen und Krokussen bepflanzt. Unten in den Topf legt man ein paar Tonscherben für eine gute Drainage, darüber eine dünne Schicht Erde, bevor die dickste Zwiebel hineinkommt. Meistens sind es die, die am höchsten wachsen und etwas mehr Tiefe brauchen. In meinem Fall die Narzisse. Man bedeckt die Zwiebel mit einer dünnen Schicht Kompost, bevor man die vielen kleinen Krokuszwiebeln hineinsetzt und den Topf weiter mit Erde füllt. Die Zwiebeln können ruhig dicht an dicht stehen, die Narzissentriebe finden schon ihren Weg nach oben.

Diese Töpfe habe ich immer irgendwo geschützt überwintert, und erst wenn die Nasen hochkamen, habe ich sie aufgestellt. Es war nicht so sehr die Kälte, die mir Sorgen machte, sondern die Nässe. Im Winter, wenn die Zwiebeln noch keine Blätter haben, verbrauchen sie kaum Wasser. Zu viel Regen bleibt in der Erde und dann ist die Gefahr groß, dass die Zwiebeln verfaulen. (Die Gefahr ist auch groß, dass der Topf platzt, wenn es friert, weil das gefrorene Wasser sich ausdehnt.) Deshalb ist eine gute Drainage wichtig und dass die Töpfe vielleicht im Regenschatten an der Hauswand, in einem Gewächshaus oder Frühbeet überwintert werden. Man sollte aber von Zeit zu Zeit nach ihnen schauen, damit sie nicht völlig austrocknen.

Die Bank zum Kaffeetrinken

Am Ende der Terrasse, vor der Stützmauer zum Nachbarn, stand unsere Lieblingsbank. Sie war ein Geschenk der Zeitschrift, die unseren Garten auf der Hampton Court Flower Show gesponsert hatte. Eine sehr edle, sehr bequeme moderne Eichenbank. Sie war ein schöner Blickfang, wurde aber auch oft genutzt – um sich mal kurz hinzusetzen und einen Tee oder Kaffee zu trinken, die Post zu lesen, zu telefonieren oder sich mit Gästen zu unterhalten.

So unaufregend unser Esstisch war, so schön war der Anblick dieser edlen Bank. Das war richtig so. Der Tisch stand gleich im Vordergrund, so nah, dass man ihn gar nicht richtig wahrnahm. Das Auge wurde weiter in den Garten hineingezogen, dorthin, wo die Pflanzen ihr ständig wechselndes Spektakel abzogen. Die Bank war Teil davon. Die Trockenmauer hinter ihr war komplett mit Efeu

Gegenüber vom Küchenfenster stand die einladende Bank, etwas versteckt hinter der Hechtrose *Rosa glauca*. Rosa ›Raubritter‹ lugte einem beim Ausruhen darauf immer über die Schulter.

bewachsen. Auf der Mauer wuchs Rosa ›Raubritter‹, eine der wenigen Rosen, die lieber hängen als klettern. Man kann sie auch als kurzen Kletterer hochziehen, aber als Kaskadenrose ist sie eine der schönsten. Sie blüht nur einmal, dafür aber lange. Dies war ideal, da sie an ihrem Standort in der Hochsaison erst ab Mittag Sonne bekam. Im Herbst, Winter und Frühjahr gab es nur ein kurzes Sonnenfenster um die Mittagszeit. Das reichte für sie aus, um jeden Juni mit schönen, halbgefüllten, schalenförmigen Blüten in einem hellen Rosa loszulegen. Im Rücken hatte sie eine hohe Hecke, in die sie heimlich hineinwuchs und uns eines Tages völlig überraschte, als sie oben plötzlich zu blühen begann.

Neben der Rose stand *Euphorbia schillingii,* ein etwa ein Meter hohes, attraktives Wolfsmilchgewächs, dessen leuchtend gelbgrüne Blüten eigentlich zu allem passen. Daneben blühte die weiße Form des Wilden Weidenröschens. Auf dem schweren, lehmigen Boden, zwischen Mauer und Hecke, hielt sich ihr sonst recht wucherndes Wachstum in Grenzen.

Links von der Bank in der Ecke stand eine der unkompliziertesten Rosen, die ich kenne: Die Hechtrose, *Rosa glauca,* ist eine Wildrose, die bei uns etwa zweieinhalb Meter hoch wurde. Der Austrieb ist dunkelrot, das Laub bläulich. Die Blüte ist einfach, rosa. Die Hagebutten sind zunächst schön braunrot, wenn sie reif sind, glänzend, rund und orangerot mit einer langen Präsenz. Ich schneide solche Rosen kaum. Alle paar Jahre entferne ich einen oder zwei der ältesten Triebe und schneide sie ganz unten, nie kürze ich die neuen Triebe, damit die Pflanze einen schönen Wuchs bekommt und einen etwas überhängenden Habitus entwickeln kann. So saß man auf der Bank, die Raubritter kitzelte einen über der Schulter am linken Ohr, während einem von rechts *Rosa glauca* wie ein Schirm über den Kopf wuchs.

Die Badezimmerwand gegenüber der Bank war mit einer ganz besonderen Scheinrebe bewachsen: *Ampelopsis orientalis* war auch eine Trophäe aus dem Hadspen Garden. Scheinreben sind Kletterpflanzen, die im Herbst besonders dekorative Früchte tragen. Die meisten *Ampelopsis*-Sorten sind für ihre porzellanblauen und violetten Früchte bekannt. Diese Sorte hat große Fruchtstände, die auf den ersten Blick an hängende Holunderbeeren erinnern. Die Fruchtstiele sind rot, die Früchte zu Beginn des Reifeprozesses ebenfalls, später werden sie tief dunkelblau. Sie brauchte etwas Unterstützung, um sich am Rankgerüst nach oben zu arbeiten. Sie hat einen sehr offenen, lockeren Habitus, große, attraktive Blätter mit interessanter Textur, die eine gute Herbstfärbung bekommen.

Wir haben ihr – wie auch den Kletterern am großen Schuppen – eine Rankhilfe aus ganz einfachem verzinktem Maschendraht gebaut. Diesen verwenden wir gerne, vor allem die großmaschige Variante, die eigentlich für die Einzäunung von Schafweiden oder Schweinegehegen gedacht ist. Die Maschengröße ist ideal für Kletterpflanzen wie Clematis, die gerne etwas Feines haben, woran sie sich festhalten können, aber auch passend, um Zweige zu befestigen, beispielsweise von Rosen. Er wird in mehreren Gärten des National Trust als »Rankgitter« verwendet. In Sissinghurst zum Beispiel ist die gesamte Ziegelsteinmauer hinter der Purple Border damit bespannt, so dass die vielen Clematis und andere Kletterpflanzen wie der Rotlaubige Wein die Mauer bis zum Ende des Sommers komplett bedecken.

Die wilden Kletterer

Neben der *Ampelopsis* rankten noch weitere Kletterpflanzen am Gebäude hoch: Links vom Eingang des Schuppens habe ich Rosa ›Sombreuil‹ gepflanzt, eine remontierende Kletterrose mit dem Charakter historischer Rosen. Die relativ großen, dicht gefüllten, cremefarbenen Blüten duften herrlich. Leider hat sie einen Nachteil: Bei regnerischem Wetter hängen ihre Blütenblätter etwas traurig, braun und matschig nach unten. Es lohnt sich, eine kleine Leiter zu nehmen und sie ein wenig auszuputzen.

Rechts von der Tür stand der Säckelblumenbaum oder *Ceanothus arboreus* ›Trewithen Blue‹. Dieser wintergrüne Großstrauch stammt aus Kalifornien und liebt alkalischen, leichten Boden. Er ist einer der potentiellen Klimagewinner, da unsere Winter milder werden und er gut mit Hitze und Trockenheit umgehen kann. Im späten Frühjahr kommen die wunderbaren blauen Blüten, wenn man Glück hat, zeigen sich im Laufe des Sommers noch ein paar vereinzelte »Nachzügler«. Nach der Blüte haben wir ihn etwas zurückgeschnitten, damit er sich nicht zu breit machte und seine Nachbarn überwältigte.

Daneben gab es den Scharlachwein oder Roten Wein, *Vitis coignetiae,* der wiederum weit über seine Nachbarn hinaus wachsen durfte. Es handelt sich um eine kräftige Kletterpflanze, deren neue Triebe leicht drei bis vier Meter und mehr lang werden können. Ihre Blätter sind groß und zahlreich und bilden zum Beispiel über dem Esstisch ein kühlendes Dach. Kein Schatten ist angenehmer und kühler als der eines dichten Blätterdachs, denn die Blätter geben tagsüber Feuchtigkeit ab, wodurch die Temperatur um mehrere Grad sinken kann. Doch erst im Herbst wird die Pflanze ihrem Namen gerecht: Die Blätter verfärben sich von Grün über Gelb und Orange bis hin zu feurigem Rot und dunklem Weinrot. Ein grandioses Schauspiel. Dieser Wein ist an unserer Fassade hochgeklettert und hat sich auf dem Dach des Gebäudes ausgebreitet, so dass es im Sommer angenehm kühl war. Spätestens jeden zweiten Winter gab es eine größere Rückschnittaktion, um die Bestie irgendwie zu zähmen.

Die Säckelblume, Scharlachwein und Rose ›Cécile Brunner‹ kletterten die Schuppenwand empor. Alle paar Jahre gab es dann eine größere Rückschnittaktion, um das Ganze einigermaßen im Griff zu behalten.

Neben dem Wein kämpfte sich jedes Jahr eine strahlende, hellblaue Waldrebe empor: Clematis ›Perle d'Azur‹.

Neben der Tür zum Holzschuppen stand ein weiterer Favorit von mir: die kletternde Form von *Rosa* ›Cécile Brunner‹. Es gibt sie als Strauch, aber dann bleibt sie relativ klein und etwas unscheinbar. Als Kletterer entwickelt sie sich zu einer kräftigen Pflanze mit langen neuen Trieben. Sie bildet perfekte kleine rosafarbene Knospen aus, die aussehen, als wären sie aus Zuckerguss und könnten eine Hochzeitstorte schmücken. Die Knospen öffnen sich zu kleinen rosa Pompons mit einem herrlichen Duft. Graham Stuart Thomas, der berühmte englische Rosenexperte, trug immer eine dieser Rosen im Knopfloch seiner eleganten Anzüge – ein Zeichen dafür, dass sie eine sehr lange Blütezeit hat, auch wenn die zweite Blüte etwas schwach ist, aber man freut sich über jedes rosa Wölkchen, das im Sommer noch erscheint. So reizend und harmlos sie aussieht – man sollte sich nicht täuschen lassen. Denn in Wirklichkeit ist sie ein ziemlich wildes Biest und ich habe oft mit ihren langen neuen Trieben gekämpft. Aber ich möchte trotzdem nicht auf ihre Schönheit und ihren Duft verzichten.

Über die Hechtrose hatten sich die kletternde ›Cécile Brunner‹ und die weiße ›Rambling Rector‹ gelegt; sie formten einen charmanten Bogen, der den Weg zum Gemüsegarten einladend rahmte.

Die zartrosa Blüten von Cécile passten sehr gut zu den rötlichen Trieben und dem blaugrauen Laub von *Rosa glauca*, die sich vor den Holzschuppen befand. Deshalb fand ich es schön, wenn sie sich über die Rose legte, so dass sie miteinander verschmolzen. Das Problem mit dieser Verbindung war, dass beide nicht aufhörten, zu wachsen. Aus ein oder zwei Zweigen wurden mehrere lange Triebe. Es sah wildromantisch aus, vor allem als sich die weiße Rose ›Rambling Rector‹, die um die Ecke wuchs, dazugesellte. Das Trio bog sich über den Weg und bildete einen duftenden, blühenden Tunnel. Für mich, 1,70 Meter groß, war das anfangs kein Problem. Gabriella jedoch musste sich bücken, um durchzukommen, und mit der Zeit kam auch ich nicht mehr durch. Die drei Grazien zu trennen war undenkbar, dazu waren sie viel zu eng miteinander verwoben. Die einzige Lösung war, sie alle drei radikal zurückzuschneiden, was wir eines Tages im Spätwinter auch taten. Vorbei war es mit der Romantik, doch wir atmeten erleichtert auf. Nach einigen Jahren war der idyllische Tunnel wieder da, nur hatten wir diesmal besser aufgepasst und die drei Biester rechtzeitig zurückgeschnitten.

Das schattige Beet beim Schuppen

Von der Küchenterrasse führte ein langer Weg durch den Garten zum Komposthaufen. Das erste Stück, parallel zu den Schuppengebäuden, war mit Steinplatten ausgelegt, dahinter wuchs nur noch Gras.

Zwischen Schuppen und Weg gab es eine Rabatte, wo ich mit weiteren schattenliebenden Pflanzen arbeiten konnte. Vorne am Rand und auch zwischen den Fugen der Steinplatten hatte sich der Frauenmantel ausgesät. Das fand ich an sich zwar charmant, aber nach ein paar Jahren habe ich die Pflanzen immer Anfang Juli komplett zurückgeschnitten, inklusive Laub, bevor die Blüten braun wurden und sie die Chance hatten, sich auszusäen. Frische Blätter kamen sofort nach.

In der sonnigsten Ecke, wo die wärmenden Strahlen der Morgensonne noch mehrere Stunden einfielen, stand ein Chinaschilfgras, *Miscanthus sinensis* ›Silberfeder‹. Es stand in der Ecke hinter dem Wassertank, um die Terrasse ein wenig vom Rest des Gartens abzuschirmen. Normalerweise würde ich diese großen Gräser nicht im Halbschatten pflanzen, besonders nicht unter Bäumen, da die Blüten die dicken Wassertropfen, die bei Regen von den Bäumen fallen, nicht vertragen. Das zerstört sie schnell. Aber mit einem blauen Himmel über dem Kopf und mehreren Stunden Sonnenschein war dieses Gras sehr glücklich.

Das Asiatische Gras hatte Gesellschaft von einem China-Wald-Geißbart oder *Aruncus sinensis* ›Zweiweltenkind‹. Dieser große Geißbart blüht im Frühsommer und hat eine imposante Statur, schlanke, cremeweiße Blüten und schön geschnittenes Laub, das einen attraktiven Kontrast zu den schlanken Blättern der Gräser bildet. Daneben stand eine nahezu winterharte Blaue Kardinals-Lobelie (*Lobelia siphilitica*). Diese hellblaue Staude blüht vom Spätsommer bis in den Frühherbst mit hellblauen Blütenrispen und erreicht etwas mehr als einen halben Meter Höhe. Sie bevorzugt einen feuchteren Boden, aber der schattige Standort auf unserem schweren Lehmboden hat diesem schönen Spätsommerblüher gut gefallen.

Im Vordergrund, am Wegesrand, stand noch eine Pflanze asiatischen Ursprungs: das Japanische Berggras, *Hakonechloa macra* – ein Gras, das in den vergangenen Jahren stark an Popularität gewonnen hat. Ich pflanze es gerne am Rand von Beeten als Einzelpflanze oder in größeren Gruppen.

Das Spätsommerduo von *Hakonechloa macra* und der blauen *Lobelia syphilitica* war ein Erfolg im Halbschatten vor dem Schuppen. Das Japanische Berggras ist eine ideale Randpflanze, die Bewegung ins Beet bringt.

Der Grund, warum ich dieses Gras besonders gerne mag, ist seine Beweglichkeit. Wenn es in Gruppen gepflanzt wird, erzeugt der Wind sanfte Wellen, die geradezu hypnotisierend wirken. Im Herbst nimmt es einen warmen, kupferfarbenen Ton an, der bis in den Winter hinein attraktiv bleibt.

Es ist zudem eine großartige »Eck-Pflanze«. Ecken sollten immer mit einer soliden Pflanze bestückt werden, um die man herumlaufen muss, eine, die verhindert, dass man einfach knapp um die Ecke biegt.

Im Sommer wurde die Schattenecke von einer rosa blühenden Sterndolde und bulgarischem Lauch belebt, dessen ungewöhnliche Blüten über der Pflanzung tanzten. Auch wenn er verblüht ist, bleibt immer noch der attraktive Samenstand stehen. Die Blüten von *Nectaroscordum sciculum* ssp. *bulgaricum* haben eine sehr zurückhaltende Farbpalette mit cremefarbenen, grünen und leicht violetten Tönen. Am Ende des Blütenstiels befinden sich die locker hängenden, glockenförmigen Blüten. Ein naher Verwandter des Zierlauches, hat diese Pflanze statt einer Kugel mit straffen, kleineren, sternförmigen Blüten größere, nickende Glocken. In lockeren Gruppen zwischen anderen Stauden verstreut, wirken sie sehr elegant und schaffen eine auffallende Präsenz für die Jahreszeit. Diese Blumenzwiebeln lieben schattige Plätze und können sich auch selbst aussäen.

Selbstaussäer

In den Ritzen der Trockenmauer bei der Treppe hatten sich Gelber Lerchensporn und Frauenmantel (*Alchemilla mollis*) ausgesät.

Natürlich tummelten sich auch hier einige Selbstaussäer: Der Scheinmohn, *Papaver cambrica*, hat den Weg vom Vorgarten bis hierher gefunden, was ich sehr erfreulich fand.

Der Sibirische Portulak oder *Montia sibirica* ist auch unter dem Namen *Claytonia sibirica* bekannt. Dieser kleine Held ist sehr bescheiden, blüht von April bis Juni und stört sich nicht daran, sich zwischen den Wurzeln von Gehölzen ein Zuhause zu schaffen. In meinem Kindheitsgarten in Belgien breitete sich ein größerer Bestand unter einer zartrosa blühenden Japanischen Zierkirsche aus, deren Blütenblätter am Ende der Blüte wie Konfetti herabfielen und perfekt zu den vielen kleinen zartrosa Portulakblüten passten. Auch als Unterpflanzung von anderen rosa blühenden Gehölzen wie Magnolien, wo der rosa Teppich sehr gut zu den Blüten passt, sieht sie sehr schön aus. Diese hübsche Pflanze ist nicht nur schön, sondern auch essbar.

Der Sibirische Portulak wurde von einem zweiten charmanten Streuner begleitet: *Corydalis lutea*. Der gelbe Lärchensporn hat erfrischend hellgrüne, feine Blätter und ist trotz der Sommerhitze das ganze Jahr über mit gelben Blüten übersät. Zwischen Mai und Oktober sind sie aktiv und säen sich gerne aus, worüber ich mich immer sehr gefreut habe. Ob im Beet oder zwischen Mauerritzen – er war ein gern gesehener, erfrischender Gast. Falls doch einmal ein Sämling unerwünscht war, wurde er einfach und schnell entfernt.

Hängematten-»Zimmer«

Gegenüber dem Holzschuppen stand eine *Sorbus* ›Joseph Rock‹, die mein Vater selbst gezogen hatte. Diese Eberesche oder Vogelbeere ist bekannt für ihre sehr dekorativen gelben Früchte, die meist länger am Baum bleiben, weil die Vögel darauf warten, dass sie rot werden. Irgendwann entdecken sie, dass die gelben Früchte auch lecker sind, und stürzen sich darauf, aber das kann einige Wochen später sein als bei den einheimischen Sorten. Sie stand an der Stelle, wo das Herz des Gartens endete und in den Gemüsegarten überging. Gegenüber begann schon die erste Rotbuchenhecke, die den Anschluss an den kleinen Holzschuppen bildete, der an den großen Schuppen angelehnt war. Hier wurde unser Holz gelagert, aber auch die größeren Gartengeräte, der Rasenmäher und das Hühnerfutter. Neben den Schuppen befand sich ursprünglich das Plumpsklo in einem kleinen Backsteingebäude. Hier pflanzten wir einen geschenkten Steckling von einer der kräftig wachsenden Ramblerrosen ›Rambling Rector‹. Im Frühsommer war sie eine große weiße Wolke mit vielen kleinen Blüten, umschwirrt von einer großen Anzahl von Bienen. Im Herbst verwandelte sie sich wieder in eine große Wolke, diesmal mit kleinen roten Hagebutten. Matilda, die Freundin, die uns diese Rose geschenkt hat, hatte sie an der Hauswand in ihrem kleinen Hinterhof mitten in London. Jeden Sommer schnitt sie die Pflanze gleich nach der Blüte bis auf die Haupttriebe zurück und schleppte zwölf bis fünfzehn Müllsäcke voller stacheliger Beute durchs Haus zum Recyclinghof. So hatte sie das Ungetüm gut im Griff. Wir hatten viel mehr Platz und brauchten die Pflanze nicht so zu disziplinieren, denn wir wollten ja, dass sich die Rose über den Holzschuppen legt, was sie mit viel Charme nach und nach tat: Von Jahr zu Jahr breitete sie sich wie eine blühende Decke weiter über das kleine Gebäude aus.

Versteckt hinter Hecken: In einer Wolke von ›Rambling Rector‹ konnte man entspannte Nachmittage verbringen.

In diesem Bereich stand auch ein riesiger Holzmast, der die Stromleitungen trug und den wir also nicht einfach versetzen oder entfernen konnten. Stattdessen wurde er in die Rotbuchenhecke integriert, die einen quadratischen Gartenraum bildete. Zwei starke Haken wurden angebracht, einer am Strommast, der andere am Schuppen – der perfekte Platz für eine Hängematte. Viele unserer Sommergäste verbrachten hier unvergessliche Stunden, abgeschirmt von der Außenwelt zwischen den alten Mauern, der schönen Hecke und der überwältigenden Rose.

Irgendwann – jeder, der einen Garten hat, kennt es – verloren wir ein wenig die Kontrolle über die Rose. Von Jahr zu Jahr wurde es schwieriger, ohne Kratzer die Hängematte aufzuhängen. Nur die Mutigsten wagten ein kleines Duell mit der Rose und genossen einen entspannten Nachmittag in der Hängematte.

Wir haben den letztendlichen Verlust dieses zugewucherten, geheimen Rückzugsortes nicht so sehr bedauert, da wir uns nur selten hingelegt haben. Aber allein der Gedanke, dort liegen und die Seele baumeln lassen zu können, war an sich schon entspannend.

DIE FARBRABATTEN

Am Ende der Küchenterrasse begann damals der Gemüsegarten. An jenem trüben Wintertag, an dem wir umzogen, erschien uns der gesamte Garten wie eine riesige Fläche nackter, schwarzer Erde, die auf ihrer ganzen Länge von bestimmt fünfzig Metern nur durch ein paar Obststräucher und drei Obstbäume unterbrochen wurde.

Der Anblick war nicht nur ausgesprochen unschön, sondern geradezu furchteinflößend, zumal genau in Hausnähe ein größerer Bereich durch eine siebzig Zentimeter hohe Trockenmauer erhöht und gänzlich unzugänglich war. Nicht nur machte uns Sorgen, dass man an diesen Teil schwer herankam, sondern auch die Tatsache, dass das höher gelegene Stück Land trotz der stützenden Mauer auf das Haus zu rutschen drohte – keine besonders gute Ausgangslage für einen schönen Hausgarten.

Wir begegneten dieser Herausforderung mit zwei Maßnahmen: Wir erweiterten zum einen die Terrassierung und schufen zum anderen einen direkten Zugang zu dem höher gelegenen Bereich, indem wir eine Treppe anlegten. Zudem pflanzten wir entlang der Trockenmauer eine zwanzig Meter lange, niedrige Eibenhecke.

So nah am Haus und an seiner großen Terrasse sollte dies der wichtigste Teil des Gartens sein, in dem wir in den Sommermonaten viel Zeit verbringen würden. Es war auch der Teil des Gartens, auf den wir vom Haus aus blickten. Es war klar, dass der Nutzgarten weiter nach hinten verlegt werden sollte.

Im Gegensatz zum Vorgarten, der in klassischer Cottage-Garden-Tradition mit Blumen bepflanzt wurde, passend zum traditionellen Charakter des Hauses und des Dorfes, sollte dieser private Bereich raffinierter sein. Er bot die Möglichkeit, mit einem anspruchsvolleren, modernen Bepflanzungsstil zu experimentieren, der in früheren Cottage-Gärten nicht zu finden gewesen wäre. Ein Raum, in dem dank der Vielfalt an Pflanzen Vögel und Insekten ein Zuhause finden konnten und wo wir deren Kommen und Gehen beobachten durften.

Der geschwungene Weg mit kleinem Sitzplatz

Das klassische Rabattenkonzept mit zwei tiefen Rabatten entlang einer geraden Mittelachse ließ sich aus Platzgründen leider nicht umsetzen, also verlegten wir den Anfang des Weges an die Ecke, diagonal gegenüber der hinteren Eingangstür. Die Ecke der Stützmauer wurde abgerissen und ausgehoben. Stattdessen baute Gabriella drei Stufen, um einen bequemen Aufstieg zu ermöglichen, und stützte die kurzen Mauerabschnitte links und rechts der neuen Treppe mit einer Trockenmauer aus vorhandenen Steinen. Oben angekommen, formte sich der Weg zu einem großzügigen *S* und führte mit lässigem Schwung in Richtung Gemüsegarten. Diese Gestaltung hatte auch den großen

Der Weg schwingt in großzügigen Kurven und schafft so drei tiefe Pflanzflächen, die auch für größere Stauden und Rosen ausreichend Platz bieten.

Vorteil, dass gar nicht mehr auffiel, dass die Rabatten asymmetrisch angelegt waren. Zudem hatten wir dadurch drei gleich tiefe Pflanzbereiche geschaffen, so dass ich im Hintergrund etwas Größeres pflanzen und trotzdem mit Pflanzen unterschiedlicher Höhe zum Wegrand hin abstufen konnte. Das hat mich besonders gefreut, weil ich keine vertikale »Wand« aus Pflanzen haben möchte, die entsteht, wenn hohe Stauden in einem schmalen Beet wachsen. Vor die hohen Pflanzen sollten idealerweise mittelhohe, davor kleinere Stauden gepflanzt werden, damit die Konturen mehr einer sanften Hügellandschaft ähneln denn einer steilen Felswand.

In der ersten Kurve war genügend Platz für einen kleinen Tisch und zwei Stühle, die von der Küche aus gesehen stets dazu einluden, der Seele im Garten eine Pause zu gönnen.

Dieser schmale, gewundene Grasweg erinnerte mich ein bisschen an eine Autofahrt auf den schmalen englischen Landstraßen. Dort kann man nicht schnell fahren, weil man nicht weiß, was hinter der nächsten Kurve kommt, und sie sind oft so eng, dass zwei Autos nur mit Mühe aneinander vorbeikommen. Dafür hat man viel mehr Zeit, sich umzuschauen und die Landschaft im Detail zu betrachten, als wenn man mit hoher Geschwindigkeit eine breite Autobahn entlangrast. Unser geschwungener Weg endete beim Durchgang zum nächsten Gartenraum: dem zukünftigen Gemüsegarten. Dieser Übergang wurde mit zwei schönen Haselnusssträuchern links und rechts akzentuiert. Sie schlossen den einen Bereich ab und vermittelten dem Betrachter, dass es trotz der Hecke dahinter weitergeht. Hier hatte sich das Gelände wieder nivelliert, es waren also keine Treppe und keine Stützmauer im hinteren Bereich notwendig.

In der ersten Kurve, dem Bauch des »S«, wurde die äußere Kurve etwas großzügiger gestaltet, um Platz für einen kleinen runden, dunkelgrünen Gartentisch mit zwei dunkelrot gestrichenen Klappstühlen zu schaffen. Dieser kleine Sitzplatz lag in der Sichtachse des Küchenfensters und war wunderschön in die hohen Stauden eingebettet. Hier habe ich oft am Nachmittag, umgeben von Blumen, meinen Tee getrunken. Der Vorteil dieses Sitzplatzes gegenüber der Lieblingsbank oder dem Picknicktisch vor der Küche war seine erhöhte Lage. Von hier aus hatte man einen traumhaften Blick in die weite Landschaft.

Die architektonische Struktur im Winter

Der Rasenweg hatte keine feste Kante, aber er wurde einmal im Jahr mit einem Kantenstecher abgestochen und die Erde vom Rand in das Beet geschoben, so dass eine kleine »Rinne« entstand. Im Sommer fällt es kaum auf, aber im Winter sieht der Garten sofort gepflegt aus, wenn die Beetränder einen klaren, scharfen Rand haben. Diese Arbeit machte ich daher am liebsten im Herbst, damit die Wege den ganzen Winter über deutlich zu sehen waren. Ebenso achtete ich darauf, dass die Hecken im Winter akkurat geschnitten waren. Da die trockenen Stauden im Winter etwas unordentlich aussehen können, ist es besonders wichtig, dass die architektonische Struktur des Gartens in dieser Jahreszeit perfekt und gut »lesbar« ist. In den Sommermonaten schnitt ich nach dem Mähen immer die Kanten mit der Rasenkantenschere, damit es ordentlich aussah.

Die geschwungene Hecke

Nachdem die Entscheidung für eine Eibenhecke gefallen war, bestellten wir die Bäumchen bei einer Baumschule in der Region. Kleines Budget, kleine Pflanzen: Wir entschieden uns für Pflanzen mit Wurzelballen (d. h., sie werden mit Erdklumpen aus dem Feld ausgegraben und der Wurzelballen wird sofort mit einem Jutetuch umwickelt), die maximal vierzig Zentimeter hoch waren.

Nachdem wir die Pflänzchen liebevoll mit einer dicken Schicht Kompost und Hornspänen eingepflanzt und angegossen hatten, wurden die Seiten schon

Dort, wo die Kurven der Hecke sich senkten, konnte man den Blick über die Landschaft des Themse-Tals mit seinen Wiesen, alten Hecken und Eichen schweifen lassen.

mal zurückgeschnitten. Wenn die Pflanzen einen guten Start ins Leben haben, werden sie schnell wachsen und durch den seitlichen Schnitt auch schneller dicht und sie bleiben zudem schön schlank. Die Eibe kann leicht zwanzig Zentimeter pro Jahr an Höhe zulegen. Wir haben uns Zeit genommen, um zu entscheiden, wie hoch sie werden darf. Welche Höhe muss eine Hecke haben, damit man das Gefühl hat, sich in einem Raum zu befinden? Meistens ist es viel weniger, als man denkt. Die Entscheidung, die Hecke nicht perfekt horizontal auf einer Ebene zu schneiden, sondern mit großzügigen Schwüngen zu formen, hat nichts mit der unterschiedlichen Wachstumsgeschwindigkeit der

Pflanzen zu tun. Wir wollten bewusst von dem geschwungenen Weg ein Fenster zur weiteren Landschaft kreieren, aber gleichzeitig vom tiefer gelegenen Weg entlang der Stützmauer Einblicke in den Garten schaffen. Es gibt nichts Schöneres als kleine, fast heimliche Einblicke, die versprechen, dass sich hinter einer Hecke etwas Besonderes, etwas Sehenswertes verbirgt.

Allzu oft meinen Gartenbesitzer, sie müssten von der Terrasse aus den ganzen Garten überblicken können. Wenn das so wäre, gäbe es keine Überraschungen mehr. Ein schöner Rundgang, egal wie klein oder groß der Garten ist, wäre dann nicht mehr nötig. Gärten sind ständig in Veränderung und kein Tag ist wie der andere. Ein Garten folgt einem sorgfältig orchestrierten Zusammenspiel einer Vielzahl von Pflanzen in unterschiedlichen Formen und Größen, Blättern und Blüten, die sich je nach Jahreszeit verändern. Ganz zu schweigen von den köstlichen Düften für die Nase, den sanften Berührungen für die Fingerspitzen und vielleicht sogar den Leckereien für den Gaumen. Durch die Kombination all dieser verschiedenen Sinnesreize nimmt man den Garten immer wieder anders wahr. Man muss einfach jeden Tag mindestens einmal umhergehen, um zu sehen, zu riechen und zu fühlen, was als Nächstes sprießt und blüht und wie sich die Jahreszeit entwickelt.

Das schmale Beet am Rand der neuen Hecke

Bevor die Eiben den schmalen Streifen durchwurzeln konnten, pflanzte ich einen hellgrünen Saum aus Frauenmantel. Ich teilte eine große Pflanze und machte daraus viele kleine Pflanzen, um den Streifen zu füllen. Zwischen dem Frauenmantel stand *Allium aflatunense*, der iranische Lauch mit seinen hellvioletten kugeligen Blüten, die hoch über dem Frauenmantel tanzten und zudem einen schönen Kontrast zu den dunklen Eiben bildeten.

Dazu kamen einige Fingerhüte. Einfache, normale, wilde *Digitalis purpurea*. Es gibt viele Sorten auf dem Markt, aber nur wenige haben die Eleganz und den Charme der Wildform mit ihren langen, imposanten Blütenstielen, dicht besetzt mit den bescheiden nickenden Blüten, die von Insekten so geliebt werden. Sie sind zweijährig: Erst im zweiten Jahr formen sie einen bis zu zwei Meter langen Blütenstiel, der völlig vertrocknet, nachdem die Samenkapseln gereift

Am Fuß der Eibenhecke hatten sich Akelei und Fingerhüte großzügig zwischen Frauenmantel und Iranischem Zierlauch ausgesät.

sind. Vom Wind werden dann die feinen braunen Samen verstreut, und die Pflanze stirbt meist ab. Deshalb ist es wichtig, sie zwei Jahre hintereinander zu pflanzen oder zu säen, so dass sich die beiden Generationen abwechseln können. Genau hinter diesen Fingerhüten lag der zartrosa Bereich der Farbrabatten. Hier standen unter anderem rosa blühende Akeleien. Und wie die Akelei so ist, sie sät sich aus und lässt sich von einer Eibenhecke nicht aufhalten. So entwickelte sich der leuchtende Streifen über die Jahre zu einer reizvollen Kombination aus Fingerhut, gemischt mit Akelei, Kugellauch und Frauenmantel.

Einjährige Platzhalter

Für die Bepflanzung dieses neuen Gartenraums haben wir uns Zeit gelassen. Wir hatten durch die S-Form eine Struktur festgelegt und wussten, dass die Flächen mit Stauden gefüllt werden sollten, hatten aber noch kein konkretes Bild vor Augen. Und ohne eine einigermaßen klare Vorstellung wird man kaum eine zufriedenstellende, harmonische Bepflanzung hinbekommen. Obwohl die Standortbedingungen, der Boden und die Lichtverhältnisse vieles vorgeben, spielt die Ästhetik eine wichtige Rolle. Welche Pflanzen man auswählt, welche Farben und wie man sie letztlich miteinander kombiniert, macht viel aus. Ob einzelne Pflanzen verstreut, wiesen- oder prärieartig, in Gruppen wie eine klassische Staudenrabatte oder in großzügigeren, wogenden Drifts gepflanzt werden, ob alles eher fein, filigran, luftig oder eher wuchtig, dramatisch mit großen Paukenschlägen angelegt ist – all das prägt die gesamte Anmutung der Pflanzung.

Der Garten war neu für uns. Und obwohl wir vorher nur wenige hundert Meter entfernt gegärtnert hatten und die Bedingungen nahezu gleich waren, war es doch Neuland. Die Lage war ein wenig anders, die Licht- und Windverhältnisse ebenso. Anstatt im ersten Frühling überstürzt loszulegen und jede Menge Pflanzen zu kaufen, um die Beete zu füllen, hatte ich beschlossen, mir Zeit zu lassen, um den Garten kennenzulernen und mich mit seinen Herausforderungen vertraut zu machen.

Um zu verhindern, dass Unkraut die nackte Erde in den Beeten überwuchert, war eine Begrünung während der Übergangszeit dringend erforderlich. Ich empfehle oft die Aussaat von Gründüngung als guten Platzhalter. Das ist unkompliziert, tut dem Boden gut und verschafft einem Zeit. Die Samen der meist einjährigen Nutzpflanzen können so auf verschiedene Weise helfen. Während sie die Ausbreitung von Unkraut verhindern, bringen einige, wie Klee, Stickstoff in den Boden dank ihrer Fähigkeit, diesen aus der Luft aufzunehmen und in ihren Wurzeln zu binden. Andere, wie Senf oder Luzerne, haben tiefe Wurzeln, die bei Verdichtung den Boden auflockern.

Zu Beginn unserer Planungen wollte ich diese temporäre Decke nutzen, um ein Gefühl dafür zu bekommen, welche Farben ich in diesem Raum einsetzen könnte und wie. Ich kaufte einjährige Blumensamen in verschiedenen Farben: Jungfer im Grünen, Kornblumen, Blaudolde *Didiscus caeruleus*, Gedenkemein *Omphalodes linifolia*, Ziertabak, Ringelblumen, Kapuzinerkresse, Schmuckkörbchen/Kosmeen, Spinnenblumen und Rittersporn. Ich säte auch niedrige, eher bodendeckende einjährige Pflanzen wie die Spiegeleiblume und das Strand-Silberkraut. Nachdem ich das Saatgut nach Farben sortiert hatte, wurde das meiste davon direkt vor Ort ausgebracht. Einige wärmeliebende Pflanzen wie Spinnenblume, Ziertabak und Kosmeen wurden auf der Fensterbank vorgezogen und etwas später ausgepflanzt.

Die Fläche wurde geharkt, die Bereiche für die verschiedenen Pflanzen markiert und das Saatgut ausgebracht. Es ist immer ratsam, die Flächen zu markieren, damit man später weiß, wo man nach den ersten Keimlingen suchen muss. Sonst weiß man nicht, ob das, was da wächst, wirklich die gewünschte Blume ist oder nur unerwünschtes Unkraut. Einen schmalen Streifen mit hellem Sand, Holzspänen oder Ähnlichem reicht, damit man sieht, wo der Bereich endet. Ich empfehle auch, in Reihen zu säen, damit man die keimenden Sämlinge schnell erkennt.

Der große Vorteil dieser wunderbaren Blütenpracht im ersten Jahr waren die üppigen Blumensträuße, die ich ernten konnte. Ich bin immer so ungeduldig mit meinen Gärten und finde es unheimlich schwierig, in den ersten Jahren nicht zu viel zu schneiden, wenn die Pflanzen noch nicht ausgewachsen sind und noch nicht so viele Blüten produzieren.

Die Stauden ziehen ins Beet ein

Während im ersten Jahr die einjährige Blumenpracht loslegte, konnte ich derweil mein Pflanzkonzept entwickeln und anfangen, Pflanzen selbst zu vermehren und zu kaufen. Viele schnell wachsende Stauden wie Akelei oder Königskerze lassen sich gut aus Samen ziehen. Sie entwickeln sich rasch und blühen bereits im zweiten Jahr prächtig, so dass sie in den ersten Jahren als Lückenfüller nützlich sind. Sie nehmen den Platz sehr schnell ein und geben den langsamer wachsenden Stauden Zeit, sich zu entwickeln.

Einige Stauden, wie die Pfingstrosen, die wir aus dem alten Garten mitgebracht hatten, bekamen schon im Frühjahr ihren Platz zwischen den Einjährigen. Andere bekamen erst einmal ein Plätzchen in unserer »Gärtnereiecke«, wo wir sie vermehren konnten und sie auf ihren endgültigen Standort warteten. So sammelten sich die Pflanzen im Laufe der Saison an. Wo die Einjährigen im Spätsommer verblüht waren, wurden sie bereits durch die ersten Stauden ersetzt. So übernahmen nach und nach die Stauden den Garten. Auch im zweiten Jahr gab es noch einige einjährige Lückenfüller, die mir Zeit gaben, die benötigten Pflanzen zu vermehren.

Das stark duftende Strandsilberkraut und die Kapuzinerkresse waren recht nützliche und sehr wirksame Bodendecker, die anfangs sehr hilfreich waren, um das Unkraut fernzuhalten.

Einige dieser einjährigen Pflanzen fühlten sich bei mir so wohl, dass sie sich selbst wieder aussäten und in den folgenden Jahren wie gute Freunde immer wieder auftauchten. Mohn ist so ein unkomplizierter Lückenfüller – sowohl der Schlafmohn (*Papaver somniferum*) als auch seine kleineren Verwandten wie der Klatschmohn in seinen Farbvarianten (Shirley Poppies) oder der Marienkäfermohn, der mit seinen roten Blütenblättern und den schwarzen Punkten tatsächlich wie ein Marienkäfer aussieht.

Im zweiten Jahr war diese Selbstaussaat weniger strukturiert, aber die Sämlinge, die sich an der richtigen Stelle eingefunden hatten, durften stehenbleiben, und die, die den anderen neuen Gartenbewohnern im Weg waren, kamen heraus. Nur bei der Jungfer im Grünen habe ich den Fehler gemacht, sie sich selbst zu überlassen. Ich mag diese Pflanze sehr wegen des fein strukturierten Laubes, der schönen blauen Blüten und auch wegen der dekorativen, filigranen Samenkapseln, die danach noch lange wie kleine Luftballons dekorativ im Beet stehen bleiben. Bereits im Herbst erschienen die ersten Sämlinge, die im Frühsommer prächtig blühten, während die zweite Charge der reifen Samen erst im Frühjahr keimte und im Hochsommer für frischen Nachschub sorgte. Dieser lang andauernde Anblick von zwei Generationen ist an sich schon großartig, aber sie hatten sich so stark und dicht ausgebreitet, dass sich einige der Stauden wirklich verdrängt fühlten und ich aufpassen musste, sie nicht zu verlieren.

Der Farbverlauf

Da ich mir das Karenzjahr gegönnt hatte, um diesen Gartenraum kennenzulernen und zu sehen, wie er am besten bepflanzt wird, konnte ich ein besonderes Farbschema entwickeln. Wo es mir im Vorgarten wichtig war, den Garten nicht zu überladen, konnte ich mir in diesem versteckten, abgeschlossenen Raum etwas Aufwendigeres gönnen.

Eigentlich liebe ich alle Farben im Garten und wollte hier keine auslassen. Ich entschied mich, einen Farbverlauf anzulegen: Die drei tieferen Pflanzbereiche sollten jeweils ein bestimmtes Farbthema erhalten. In den schmaleren Bereichen dazwischen sollten sie sanft ineinander übergehen. Helle Farben und vor allem Weiß haben eine große Fernwirkung, besonders vor einem dunklen Hintergrund wie unserer Eibenhecke. Aus diesem Grund war der tiefe hintere rechte Bereich für Creme und Weiß reserviert. Dunkle Farben wie Dunkelblau, Violett und Rot reflektieren in der Regel wenig Licht und verschwinden schnell, wenn sie nicht im Vordergrund stehen oder einen hellen Hintergrund

In der Weißen Ecke nahm die historische Rose ›Madame Hardy‹ den Ehrenplatz ein und hatte Gesellschaft von weiß blühenden Stauden wie dem Buschknöterich (oben links), weißer Spornblume (mittig) und Mutterkraut (rechts). Diese Begleiter haben eine lange Blühdauer.

als Kontrast haben. Daher wurde der erste große Bereich rechts für Rot reserviert, kombiniert mit den anderen warmen Farben Orange, Dunkelgelb und Hellgelb. Creme und Hellblau stellten die Verbindung zum weißen Beetbereich her. Im größeren Bereich links des Weges kamen im Vordergrund die dunklen Rot-, Violett- und Blautöne zum Einsatz, im hinteren Teil dieses Beetes ging es über in Violett, Blau und zum Schluss in ein zartes Rosa vor der dunklen Eibenhecke, gegenüber vom weißen Bereich.

Um dennoch eine gewisse Verbindung zwischen den Beeten und den verschiedenen Farbbereichen herzustellen, sollte immer wieder eine Farbe – oder auch eine bestimmte Pflanze – auf die andere Seite des Weges wechseln. So

Die Rote Ecke im Frühsommer mit reich blühenden *Papaver* ›Saffron‹ und dem großen roten *Papaver* ›Beauty of Livermere‹, in charmanter Begleitung von *Akelei* ›Ruby Port‹. Die gelbe Note kam von der eleganten, fein duftenden Taglilie *Hemerocallis citrina*.

standen neben dunkelvioletten und violettroten Pflanzen einige in Schwefelgelb, darunter ein Fenchel, der sich ausgesät hatte, und am Fuß *Digitalis grandiflora*, der Großblütige Fingerhut. Gegenüber stand *Digitalis lutea*. Der Gelbe Fingerhut hat viel schlankere und kleinere Blüten, aber eine ähnlich zarte Farbe.

Die Gefahr bei einem solchen Farbverlauf ist, dass er zwar farblich harmonisch wirkt, aber die Gesamtwirkung unruhig ist, weil zu viele verschiedene Pflanzen beteiligt sind. Ich lege immer großen Wert auf die Wiederholung einiger strukturwirksamer Pflanzen, um einen gewissen Rhythmus zu erzeugen.

Detail: In der Roten Ecke, vor einer Kulisse rot blühender Escallonia, standen meine beiden Lieblingsmohnsorten: *Papaver* ›Saffron‹ und der rote *Papaver* ›Beauty of Livermere‹, begleitet von *Akelei* ›Ruby Port‹.

Neben den wiederkehrenden Rosen und Mohnblumen gab es weitere wichtige »Wiederkehrer« wie Akelei und Storchschnabel, die als gemeinsames Thema zu verschiedenen Jahreszeiten die verschiedenen Farbbereiche miteinander verbanden.

Lieblingspflanzen

Die bunten Beete waren nicht nur farblich etwas Besonderes, sondern sie beherbergten auch viele Pflanzen, die ich einfach liebe, entweder weil sie so beeindruckend sind wegen ihrer besonderen Blüten oder weil sie so ein großartiges Laub haben. Pflanzen, bei denen man stehen bleibt und einfach »Wow« sagt. Diese Wow-Pflanzen passten nicht in den vorderen Teil des traditionellen Cottage-Gartens. Hinter dem Haus, versteckt zwischen den Hecken, durften sie sich austoben.

In einem Raum, in dem sich nur Menschen mit großen Egos aufhalten, entsteht sofort Spannung und Stress. Es braucht auch die zurückhaltenden Charaktere, die einfach da sind. Genauso ist es im Garten. Zwischen diesen »Wow-Effekt-Pflanzen« und charaktervollen historischen Rosen gab es die verlässlichen, klassischen Lückenfüller des Cottage-Gartens wie Akelei, Storchschnabel und Mutterkraut – charmante, nette Pflanzen, die immer wieder irgendwo auftauchen und das Ganze zu einer homogeneren Einheit werden lassen.

Frühe und späte Tulpen

Irgendwann habe ich mich an Tulpen herangewagt, weil ich die Idee, sie in das Farbthema zu integrieren, passend fand. Im Herbst wurden sie gepflanzt und im ersten Frühjahr mit angehaltenem Atem erwartet. Die Enttäuschung war groß: Sie wurden von Fasanen gefressen. Was ich nicht wusste: Diese Vögel lieben Tulpen und scheinen ein gutes Gespür für die gut versteckten Zwiebeln zu haben. Nur die, an die sie nicht herankamen, hatten überlebt. Ich pflanzte zwei Typen von Tulpen: die lilienblütigen wegen der schlanken Kelchform – zum Beispiel ›China Pink‹, die orange ›Ballerina‹, die schöne rote ›Red Shine‹ und die zartgelbe ›Moonlight‹ mit den spitzen Blütenblättern – und die Viridifloras wegen der grünen Streifen auf der Rückseite der Blüten. Besonders gerne hatte ich damals die cremeweiße ›Spring Green‹. Da ich wusste, dass wir uns gegen die Fasane nicht durchsetzen würden, hielt sich die Tulpenmanie bei mir jedoch in Grenzen und ich pflanzte sie hauptsächlich in Kübeln.

Rosen
Wie bereits erwähnt, ist die Wiederholung von baulichen Elementen und Pflanzen wichtig, um einen harmonischen Zusammenhang zu schaffen. So bildeten auch in unseren Farbrabatten zwei charakterstarke historische Rosen wichtige Ankerpunkte, die auch in den Wintermonaten eine starke Präsenz zeigten: ›Tuscany Superb‹ und ›Mme Hardy‹. Beide mit gutem Duft, beide nur einmal blühend, aber dafür wunderschön. Vorne im violett-rot-dunkelblauen Bereich bekam ›Tuscany Superb‹ einen Platz, einen Meter vom Beetrand entfernt. Sie ist ganz dunkel, magentarot, nur locker gefüllt, so dass noch Teile der goldenen Staubgefäße zu sehen sind. Im weißen Bereich bekam die schönste der historischen Rosen, ›Mme Hardy‹, einen Platz ziemlich weit hinten im Beet. Schon die hellgrünen Knospen von ›Mme Hardy‹ sind bewundernswert, bedeckt mit einer köstlichen, leicht harzig riechenden Substanz, typisch für die historischen Moosrosen, mit denen sie offensichtlich verwandt ist. Die Knospen öffnen sich weit zu dicht gefüllten Blüten von reinem Weiß mit einem kleinen grünen Auge in der Mitte, das von Hunderten von Blütenblättern umgeben ist. Ihr Duft ist einer der köstlichsten überhaupt.

Beide Rosen wurden von einem einfachen Gerüst aus vier eineinhalb Meter langen Holzpfählen eingerahmt, die im Abstand von etwa vierzig Zentimetern im Quadrat um die Pflanze herum aufgestellt wurden. Jeden Winter wurden die Rosen zurückgeschnitten, um dieses Gerüst gewickelt und festgebunden. So blieben sie schön kompakt und schlank, und ich konnte sie relativ dicht nebeneinander pflanzen, vor allem mit Nachbarn, die etwas Schatten vertrugen. Neue Triebe, die im Laufe der Saison kamen, wurden ebenfalls an dieses Gerüst gebunden. Diese alten Strauchrosen können sonst recht voluminös werden, was auf einer begrenzten Fläche, auf der man versucht, jeden Quadratmeter optimal zu nutzen, schwierig ist, zumal sie nur einmal blühen.

Beim Rückschnitt im Spätwinter werden zunächst alle Triebe vom Gerüst runtergenommen. Wichtig sind die langen neuen Triebe, die von unten hochkommen. Diese sind leicht zu erkennen, da sie noch einen frischeren Grünton haben, noch keine Seitentriebe entwickelt haben und meist dünner und biegsamer sind. Es ist wichtig, darauf zu achten, dass diese neuen Triebe nicht gekürzt werden. Nur alte Triebe, die geblüht haben, können ganz abgeschnitten werden, die neuen bleiben stehen. Wenn es nur wenige neue Triebe gibt,

Jedes Frühjahr schnitten wir die beiden Rosen und wickelten die verbliebenen jungen Triebe erneut vorsichtig um die Pfähle des Holzgerüstes, um sie kompakt zu halten. Vorne links die dunkelrote Rose ›Tuscany Superb‹, im Hintergrund rechts die weiße ›Mme Hardy‹.

sollten die schönsten der alten stehenbleiben und die Seitentriebe bis auf zwei oder drei Augen zurückgeschnitten werden. Durch den jährlichen Rückschnitt der alten Triebe wird die Rose angeregt, immer wieder neue Triebe von unten zu bilden. So bleibt die Pflanze jung und vital.

Wer sich an eine solche Rose wagen möchte, sollte es zunächst mit einer einfach zu bändigenden Sorte wie ›Tuscany Superb‹ versuchen. Sie hat dünne, biegsame Triebe, die sich leicht zähmen lassen und netterweise kaum Dornen haben, im Gegensatz zu ›Mme Hardy‹, die zwar wunderschön, aber ein extrem stacheliges, unfreundliches Biest ist. Zu zweit geht diese Arbeit viel leichter und schneller von der Hand. Wir haben immer mit ›Tuscany Superb‹ begonnen, um uns aufzuwärmen und in Schwung zu kommen, bevor wir uns an die unfreundliche Dame wagten. Danach brauchten wir immer ein paar Tage, um all die Dornen zu finden, mit denen unsere Hände gespickt waren – denn entgegen besseres Wissen arbeiten wir einfach lieber ohne Handschuhe.

Mohn

Unser Garten war für seine vielen Mohnsorten bekannt. Noch heute sprechen Freunde und Familie von den beeindruckenden Blüten. Der Orientalische Mohn, eine Staude mit einem kurzen, aber auffälligen Erscheinungsbild, ist wohl eine der beeindruckendsten Stauden überhaupt. Ende Mai bilden die Pflanzen dicke, kräftige, behaarte Blütenstiele aus, an denen sich jeweils eine etwa eigroße, behaarte Knospe befindet. Wenn der Tag gekommen ist, an dem sich die Knospe mit großem Drama öffnet, sieht man bereits eine kleine farbige Zunge am unteren Ende der Knospe. Im Laufe des Vormittags trennen sich die beiden Kelchblätter, die die Blüte umhüllen, und fallen ab. So können sich die glänzenden Blütenblätter langsam entfalten. Einige Sorten strecken sie weit in eine fast horizontale Position, andere bleiben eher schalenförmig. In der Mitte befindet sich der runde Knopf, der später die Fruchtkapsel bildet, mit seinem gestreiften flachen Hut. Der Knopf ist von einem Kragen aus feinen, dunkelvioletten oder fast schwarzen Staubblättern umgeben. Einige Sorten haben an der Basis der Blütenblätter einen dunklen, fast schwarzen runden Punkt, der die Dramatik der Blüte noch verstärkt.

Wie in einer Tragödie findet das Ganze ein dramatisches Ende, wenn einige Tage nach dem Öffnen die schönen, glänzenden, farbenfrohen Blütenblätter abfallen und mit etwas Glück der Staubkranz wie ein Pelzkragen noch eine kurze Weile erhalten bleibt.

Nach der Blüte kann man die Pflanze getrost komplett herunterschneiden, denn sie zieht sich in den heißen Hochsommermonaten zurück, bis die regnerische, kühlere Herbstzeit beginnt.

Aber genau hier liegt auch die Schwierigkeit: Mohn hinterlässt im Hochsommer eine ziemlich große Lücke. Deshalb pflanze ich immer nur einzelne Exemplare, verstreut in der Mitte oder im Hintergrund eines Beetes, wo die Lücken nicht so auffallen, und nach Möglichkeit zusammen mit einer etwas

Der bescheidene Mohn *Papaver* ›Karine‹ in zartem Rosa lässt sich gut kombinieren mit blauen Storchschnabel-Sorten wie *Geranium magnificum*.

buschigeren Spätsommer- oder Herbststaude wie der Aster ›Little Carlow‹ oder einer Fetthenne.

Obwohl im Vorgarten einige Sorten – wie ›Avis‹ und ›Manhattan‹ – verstreut waren, hatten die Mohnpflanzen ihren großen Auftritt vor allem in den bunten Rabatten. Wenn man aus dem Vorgarten kam, begrüßte einen die größte und roteste aller Mohnsorten mit offenen Armen: ›Beauty of Livermere‹. Diese Sorte hat imposante tiefrote Blüten, so groß wie eine Milchkaffeeschale. Die hohen, straff aufrechten Blütenstängel tragen die mächtigen Blüten mit großem Stolz. Ende Mai, Anfang Juni war sie immer die dominierende Pflanze im Garten.

In der Ecke neben der Treppe stand ›Saffron‹, auch bekannt unter dem Namen ›Harvest Moon‹. Nicht so massiv oder bombastisch wie ihre rote Verwandte, hat ›Saffron‹ sehr offene Blüten in einem zarten, angenehmen Orange ohne Markierungen in der Mitte. Ich habe noch nie einen Mohn gesehen, der so reich blüht wie diese Sorte – fünfzig oder sechzig Blütenstiele an einer einzigen Pflanze waren nicht ungewöhnlich. Sie wuchsen eher breit als aufrecht, aber das war bei der Menge auch nicht anders zu erwarten. Die üppige Blüte bedeutet auch, dass dieser Mohn etwas länger blüht als die meisten anderen Sorten.

Auf der anderen Seite des Weges, zwischen den dunkleren Blütenfarben, stand ›Patty's Plum‹. Sie hat eine recht ungewöhnliche Blütenfarbe, ein etwas müdes Mauve, wie alte Seidenvorhänge, die ein wenig unter dem Sonnenlicht gelitten haben.

So kräftig und maskulin die ›Beauty of Livermere‹ ist, so weiblich und feminin ist die ›Karine‹. Sie wächst nicht halb so hoch, hat frische, zartrosa Blüten, die bescheidener sind und sich in weit geöffneten Schalen entfalten. Auch ihre Blüten sind frei von dunklen Flecken in der Mitte.

In der weißen Ecke stand ›Perry's White‹, eine alte, etwas höhere Sorte, deren große weiße Blüten an der Basis der Blütenblätter dicke schwarze Punkte tragen.

Auch wenn die Freude an diesen prächtigen Blüten kurz ist und sie für den Rest des Sommers eine ziemlich große Lücke hinterlassen, hätte ich sie nicht missen wollen. Sie sind ein Zeichen dafür, dass der Frühsommer endlich da ist, dass die Saison beginnt, in der man draußen sitzen und die Blütenpracht richtig genießen kann. Auch an Tagen, an denen das Wetter nicht so schön ist und man den Garten eher aus der Ferne betrachtet, sind diese großen, farbintensiven Blüten besonders schön.

Steppenkerzen: Eremurus robustus und E. himalaicus

Ebenso beeindruckend wie der Klatschmohn ist die Riesen-Steppenkerze. Natürlich gibt es mehrere Arten, aber zwei sind besonders eindrucksvoll: Im ersten Jahr hatte ich aus Neugierde drei Wurzeln von *E. robustus* gepflanzt. Diese etwas ungewöhnlich aussehenden Pflanzen hatte ich im Herbst als Wurzelware bei meinem Blumenzwiebellieferanten bestellt. Mit langen, fleischigen Armen, die ein großes Rad von bis zu dreißig Zentimetern Durchmesser haben, sehen sie aus wie eine riesige Krake. In der Mitte befindet sich eine dicke Knospe. Man pflanzt sie nicht zu tief, mit der Nasenknospe knapp unter der

Erde, die Beinchen weit gespreizt, auf eine gute Drainageschicht (wenn man wie ich auf schwerem Lehm gärtnert). Im Frühjahr kamen drei dicke, graugrüne Nasen aus der Erde. Von Tag zu Tag wurden sie dicker und größer und allmählich entfalteten sich die langen, breiten, hellgraugrünen Blätter. Aus jeder Nase ragte ein dicker Blütenstiel, mit Hunderten von Blüten, in zartestem Rosa. Fast drei Meter hoch wurden diese imposanten Riesen im Juni! Geradezu brachial – wäre da nicht ihre bezaubernde, zarte Farbe. Die Freude endete nicht mit dem Ende der Blütezeit, denn die ersten verwelkten Blüten bildeten bereits die ersten Samenkapseln. Die großen, runden Kugeln sehen aus wie runde Schokoladebonbons. Sie schmückten die dicken Blütenstängel bis weit in den Winter hinein.

Blick in die Rabatten über die Eibenhecke: Im Vordergrund *Eremurus robustus*, dahinter Türkenmohn und ganz im Hintergrund die imposante weiße Wolke des Buschknöterichs.

Die Freude war riesig. So bestellte ich im nächsten Herbst *Eremurus himalaicus* oder Himalaya-Steppenkerze, die mit ihren bis zu zweieinhalb Meter hohen Blüten in die weiße Ecke passen würde.

Beide Sorten blühen im Juni und sind vor allem für diese Jahreszeit ungewöhnlich groß. Manche Gärtner finden es vielleicht schwierig, diese Riesen im Beet zu integrieren, ich fand es einfach herrlich, wie sie wie Feuerwerksraketen an allen Nachbarn vorbei mit Wucht in die Luft schossen.

Im zweiten Frühjahr kamen die Nasen wieder. Diesmal enttäuschend, denn sie schafften es nur, einen Haufen Laub zu produzieren und nicht mal eine kleine Blüte. Im dritten Jahr kam ein einzelner Blütenstiel, im vierten wieder einer, und dabei blieb es.

Diese Riesen sind etwas anspruchsvoller als die späteren, kürzeren Stenophyllus-Sorten. Sie brauchen Feuchtigkeit im Frühjahr, wenn sie austreiben, und eine gute Drainage für den Sommer, denn sie lieben es heiß und trocken, während sie ruhen.

Crambe cordifolia

Kaum waren die Blüten der Steppenkerze aufgeblüht, begann eine weitere riesige Pflanze emporzustreben. Ganz hinten in der Ecke vor der Hecke stand *Crambe cordifolia*, das Riesen-Schleierkraut. Zuerst kommen die großen, dunkelgrünen Blätter, die fast einen Meter hoch werden. Über diesen kräftigen Blättern entwickelt sich ein feines Gerüst aus dünnen Blütenstielen, die eine große Wolke aus kleinen, reinweißen Blüten bilden. Von weitem sieht sie tatsächlich ein wenig wie Schleierkraut aus, nur dass sie bis zu zwei Meter hoch wird. Diese Wolke ist beeindruckend. Nach der Blüte trocknet das Skelett, während sich einige kleine, runde Samenkugeln bilden. Sie sind nicht besonders aufregend, aber die getrocknete »Wolke« steht noch einige Monate im Garten.

Ich finde den Kontrast bei dieser Pflanze spannend: das große, kräftige Laub und dann diese leichte, feine Wolke aus kleinen Blüten.

Die großen dekorativen Blätter des Kron-Rhabarbers sind ein echter Hingucker und formen einen beeindruckenden Kontrast zu seinen rosaroten Blütenwedeln.

Rheum palmatum var. tanguticum

In der Roten Ecke, in der Nähe des großen Mohns *Papaver* ›Beauty of Livermere‹, stand ein Kron-Rhabarber. Er ist ein naher Verwandter des gewöhnlichen Rhabarbers, hat aber ein interessanteres Laub. Schon im Frühjahr ist der Austrieb beeindruckend, wenn sich aus dicken, roten, rundlichen Blatttrieben die runzligen Blätter entfalten. Besonders der neue Austrieb ist dunkelrot und sehr attraktiv. Später verfärben sich die Blätter und werden grünlicher, behalten aber immer einen rötlichen Ton. Im ausgewachsenen Zustand sind die Blätter nicht nur röter als die des Rhabarbers, sondern auch weniger rundlich. Wie der Rhabarber kann auch diese Pflanze im Frühjahr einen großen, langen Blütenstiel produzieren, dessen Blütenknospen noch auffälliger sind als die rötlich gefiederte Blüte selbst.

Der große Vorteil des schweren Lehmbodens ist, dass er die Feuchtigkeit gut speichert. Dies machte – in Kombination mit dem leicht schattigen Standort einer Escallonia – die Ecke ideal für den Kron-Rhabarber, der es eigentlich etwas feuchter mag. Steht er zu trocken, verabschiedet er sich schon früh im Sommer und seine Blätter werden nicht so groß und imposant, wie sie sein könnten.

Fenchel

So groß und imposant der Kron-Rhabarber ist, so fein und filigran ist der Fenchel. Ich hatte einen bronzefarbenen Fenchel gepflanzt, in der Hoffnung, dass er sich aussäen und auf natürliche Weise über die Beete ausbreiten würde. Leider waren unsere Vögel immer zu eifrig und haben mir die ganzen Samen weggefressen, so dass ich nachpflanzen musste. Es ist eine wunderbare Strukturpflanze, solange sie im Frühjahr nicht von schwarzen Blattläusen befallen wird, was in Gegenden mit mildem Klima häufig vorkommt. Am Anfang steht ein Büschel feiner, weicher, kuscheliger Blätter zwischen den anderen austreibenden Stauden und Frühlingszwiebeln. Aus diesem Büschel wachsen mannshohe Blütenstängel und verzweigen sich zu vielen schwefelgelben Blütenschirmen, die bei Insekten besonders beliebt sind. Den ganzen Tag über kann man das Kommen und Gehen von Schwebfliegen und anderen Nützlingen beobachten. Nach der Blüte reifen die Samen, die wiederum von den Vögeln sehr geschätzt werden. Die Struktur des Ganzen vertrocknet und bleibt den Winter über wie eine wunderbare, hohe, transparente Skulptur stehen, die besonders an frostigen Tagen ein Traum ist. Der Kontrast zwischen der imposanten Winterstruktur und dem zarten Austrieb im Frühjahr ist stets unerwartet.

Im Frühjahr, wenn die Pflanze austreibt, ist die bronzefarbene Tönung besonders intensiv und passt zu vielen Farben. Sowohl zu solchen, die im

Der Fenchel ist rund um das Jahr attraktiv. Jedes Detail ist interessant. Sowohl den filigranen Frühlingsaustrieb, die sich entfaltenden Blätter und die delikate Struktur der Blüten als auch die architektonische Wintersilhouette genieße ich.

orangeroten Spektrum liegen, als auch zu solchen, die eher im rosavioletten Bereich liegen. Sie bildete auch einen harmonischen Übergang zwischen dem Kron-Rhabarber und der Pfingstrose.

Pfingstrosen

Pfingstrosen stehen sinnbildlich für den Cottage-Garten wie wohl keine andere Pflanze. Die einfache rosa Bauernpfingstrose, *Paeonia officinalis*, ist in Europa beheimatet und schmückt seit Jahrhunderten unsere Gärten. Ab dem späten Mittelalter tauchte die gefüllte Form *Paeonia officinalis* ›Flore Pleno‹

auf und erst im Laufe des 19. Jahrhunderts kamen die heute noch sehr beliebten Lactiflora-Hybriden in Mode. Diese blühen etwas später als die Bauernpfingstrosen und die Wildsorten und verlängern so die Saison.

Es gibt so viele Sorten, dass die Wahl nicht leichtfällt. Viele von ihnen haben einen herrlichen Duft, viele eignen sich gut zum Schneiden für die Vase. Es gibt früher und später blühende, um die Saison zu verlängern.

Gefüllt, halbgefüllt oder einfach ist Geschmackssache, aber auch wenn die gefüllten Sorten für Insekten weniger interessant sind, blühen sie meist länger. Ich liebe einfach ihre Opulenz und natürlich ihren Duft. Es ist eine der wenigen Pflanzen, die ich gerne ohne Murren stütze, damit die schweren Blüten nicht beim ersten Regen auf den Boden fallen.

Für die rote Ecke passte die duftende ›Inspecteur Lavergne‹. Reichblühend und etwas später blühend, eignet sich diese Sorte auch gut als Schnittblume, da die Stiele schön lang sind. ›Lady Alexandra Duff‹ hatte eine besonders geeignete Farbe für die rosa Ecke, sie ist nahezu weiß: das zarte Rosa verblasst beim Verblühen zu Creme. Außerdem ist sie nur halb gefüllt, so dass das Herz der Blüte sichtbar ist. Für den weißen Bereich konnte es nur die herrlich duftende ›Duchesse de Nemours‹ sein, ein eher frühblühender cremeweißer Klassiker aus dem Jahre 1856, eine feine alte Dame!

Wilde Pfingstrosen sieht man nicht so häufig, abgesehen von der klassischen Bauernpfingstrose *P. officinalis*. Sosehr ich die Opulenz der Hybriden liebe, so sehr schätze ich auch die schlichte Eleganz der wilden Sorten. Die Netzblatt-Pfingstrose passte mit ihren schlichten roten Blüten und dem ungewöhnlich feingliedrigen Laub besonders gut in den roten Bereich. Der Austrieb ist besonders filigran und bronzefarben. Sie bleibt kleiner als andere Sorten und verträgt Trockenheit sehr gut. Was ich damals nicht wusste, ist, dass sie (ein wenig) wandert. Sie ist eine der wenigen Pfingstrosen, die sich mit der Zeit unterirdisch durch Wurzelausläufer vermehren.

Doch der Star der wilden Pfingstrosen ist zweifellos *Paeonia mlokosewitschii*. Eines Tages schenkte mir ein Freund aus dem Dorf einen Ableger seiner prächtigen Kaukasus-Pfingstrose oder *Mollie the Witch*, wie die Engländer diese Pfingstrose nennen. Ich hatte mich schon als Studentin in diese besondere Pfingstrose verliebt, obwohl ich sie anfangs wegen ihres schwierigen Namens gehasst habe. Es gibt einige sehr schöne wilde Pfingstrosen, aber diese ist die schönste von allen. Sie blüht sehr früh, lange vor den Hybriden. Vom ersten Moment an, wenn sie ihre Nase aus der Erde streckt, ist sie schön. Dicke, rote Knospen entfalten sich und an roten Blattstielen entwickeln sich die Blätter, die anfangs auch rot sind. Mit der Zeit wird die Oberseite hellgrün, aber die Unterseite und die Blattränder bleiben immer leicht rötlich, was einen zarten Akzent setzt. Die Blütenknospen öffnen sich zu einfachen, schalenförmigen, sehr zartgelben Blüten mit goldenen Staubgefäßen. Ihr Erscheinungsbild ist sehr schlicht, aber edel. Wie bei einer Königin ist ihr öffentlicher Auftritt nur kurz, aber bemerkenswert. Ab und zu sieht man im Handel auch eine rosa Form, aber eigentlich finde ich die Kombination von Blatt und gelber Blüte perfekt. Auch wenn ihr Auftritt auf der Blütenbühne nur kurz ist, bleibt das Laub auch nach der Blüte noch lange attraktiv. Wenn man Glück hat, wird die Blüte bestäubt und im Spätsommer entwickeln sich drei dicke, längliche Samenkapseln, die sternförmig zusammenstehen. Wenn sie reif sind, reißen sie auf und geben die auffallend scharlachrote Innenhülle frei, in der die dicken, glänzenden, dunkelblauschwarzen Samen nisten.

Pfingstrosen sind langlebige, robuste Pflanzen, die meiner Erfahrung nach unkompliziert und meist gesund sind. Sie sind immer ein Blickfang, auch wenn ihr Auftritt nur kurz ist.

Im Allgemeinen sind sie anspruchslos, vertragen Trockenheit erstaunlich gut und können jahrzehntelang am selben Standort stehen. Sie bevorzugen sonnige Plätze und nährstoffreiche Böden. Auf mageren Sandböden lohnt es sich, den Pflanzen im Herbst eine Schicht Kompost oder abgelagerten Mist zu geben.

Wenn Ihre Pflanzen nicht (mehr) blühen, kann das zwei Gründe haben: Wenn sie schon viele Jahre an derselben Stelle stehen, ist es vielleicht an der Zeit, sie aufzufrischen. Am besten im Herbst ausgraben und teilen. Mit Kompost oder noch besser mit Mist wieder einpflanzen, aber darauf achten, dass die Krone genauso tief bzw. flach in der Erde sitzt wie vorher.

Wenn es kleine Blütenknospen gibt, die sich nicht weiterentwickeln, könnte das an einem Pilz im Boden liegen. Damit er nicht auf die Pflanze übergeht, verteilt man etwas Kies oder Splitt am Fuß der Pflanze. Dadurch wird verhindert, dass bei Regen sporenhaltige Erde auf die Blätter spritzt und die kleinen Knospen infiziert.

Johanniswolke
Im Hochsommer war der absolute Eye-Catcher in den Rabatten *Aconogonon alpinum* ›Johanniswolke‹, auch als Buschknöterich oder Staudenflieder bekannt. Die Johanniswolke wird zu einer recht stattlichen Dame, ohne dass man es gleich bemerkt. Die dicken, kräftigen, bis zu zwei Meter hohen Stängel sind im Frühsommer und Sommer viele Wochen lang mit cremefarbenen Federn geschmückt. Wenn sie verblühen, färben sie sich leicht rosa und hinterlassen eine attraktive, anfangs leicht rötliche, später braune Struktur.

Sie hat viel Platz in der weißen Ecke eingenommen und mich leider viele Pflanzen gekostet. Jedes Jahr kamen ein paar Blütenstängel dazu. Sie hat sich immer anständig verhalten: ist nie gewandert, hat sich nie durch Samen vermehrt, ist nie umgekippt, sondern ist einfach nur füllig geworden, was auch einen großen Teil ihres Reizes ausmacht. Am Anfang war sie einfach wunderbar hoch und lange interessant bis in den Herbst hinein. Jedes Jahr hat sie ein bisschen mehr vom Beet für sich beansprucht. Ich habe es ihr gegönnt, das war es nicht, was mich gestört hat; aber sie treibt relativ spät aus. Als ich dann im Frühjahr mit meiner frischen Beute an Pflanzen im Garten stand und nach einem geeigneten Platz suchte, habe ich mich so oft von den Quadratmetern verführen lassen, die sie dann noch nicht bedeckte. Immer wieder habe ich gedacht, am Rand wird es schon klappen mit den Neuankömmlingen, um dann am Ende der Saison festzustellen, dass die Armen es doch nicht geschafft hatten, sich neben der Johanniswolke zu behaupten. Das hat mich immer wieder geärgert, aber eigentlich war es nicht ihre Schuld. Ich hätte es besser wissen müssen. Im nächsten Garten werde ich unter ihr nur noch Schneeglöckchen, Alpenveilchen und Blausterne pflanzen.

Die Johanniswolke ist erstaunlich vielseitig. Sie liebt trockene Standorte, verträgt aber auch feuchtere Böden, ist sonnenverträglich, hat aber auch nichts gegen einen etwas schattigeren Standort. Sie wird dann nur nicht so massiv und blüht nicht so lange. Für größere Gärten ist sie einfach wunderbar.

Storchschnabel
Ohne Storchschnabel ist ein Cottage-Garten fast undenkbar. Es sind dankbare, unkomplizierte Bodendecker, die einen tollen Farbklecks ergeben und sich problemlos teilen lassen.

Wir hatten Storchschnabel in unterschiedlichen Bereichen, im Vorgarten und in den Rabatten. Fast alle haben wir in kleinen Gruppen von drei bis sechs Pflanzen gepflanzt, um eine bessere Wirkung zu erzielen. Einzelne verstreute Pflanzen können schnell unruhig wirken und besonders kleinblütige Sorten wie der Pyrenäen-Storchschnabel *Geranium endressii* sehen oft schon vor dem Ende der Blütezeit unordentlich aus. Alle Sorten in unserem Garten waren sehr unterschiedlich, sowohl im Laub als auch in der Blütenform und -farbe.

Wir haben sie als Randbepflanzung und als Unterpflanzung verwendet. Im dunkelroten Bereich wuchs der braune Storchschnabel *Geranium phaeum* ›Samobor‹. Die Blüte dieser Sorte ähnelt der normalen Wildform, aber die Blätter haben ein markantes braunes Muster, das das Laub außerhalb der Blütezeit interessant macht.

Im dunkelblau-rot-violetten Bereich pflanzte ich als Erstes den Armenischen Storchschnabel, *Geranium psilostemon* ›Anne Folkard‹ mit einer purpurroten Blütenfarbe. Sein neuer Austrieb ist eher gelb. Später werden die Blätter grüner, aber zu Beginn der Saison war ich jedes Mal erschrocken und dachte, die Pflanze sei nicht gesund und habe chlorotische Blätter. Denn wenn einer Pflanze bestimmte Nährstoffe fehlen (oft verursacht durch einen falschen pH-Wert), werden oft die Blätter gelblich. In diesem Fall jedoch war die Pflanze kerngesund.

›Anne Folkard‹ blüht nicht nur lange, sondern klettert auch gerne. Diese Eigenschaft habe ich mir zunutze gemacht und sie an der Nordseite hinter die gefüllte Rose ›Tuscany Superb‹ gepflanzt. Jedes Frühjahr ist sie wieder hochgeklettert und hat sich durch die Rose in Richtung Sonnenlicht gekämpft. Sie nutzte diese holzige Struktur, um sich bis zu einem Meter hochzuhangeln, und begann zu blühen, während die Rose noch in der Blüte war, blühte aber danach noch einige Wochen weiter. Auf diese Weise konnte ich den engen Raum gut ausnutzen. *Geranium magnificum* und *G. endresii* im Übergangsbereich von Blau zu Rosa sind fast zahm im Vergleich mit »Anne«, aber zuverlässige Klassiker. Der Pyrenäen-Storchschnabel *G. endresii* hat etwas Liebliches mit relativ kleinen Blüten in einem warmen, zarten Rosa. Es ist eine reichblühende Sorte, die ich nach der Blüte komplett zurückschneide, damit alle verblühten Stängel entfernt werden und neue Blätter austreiben können. Gegenüber, am Rand des weißen Bereichs, war Platz für den Prachtstorchschnabel *Geranium* x *magnificum*. Der Name ist Programm, die Blüten sind in der Tat prächtig, groß und blau; eine gute, zuverlässige Pflanze, die sehr anspruchslos und pflegeleicht ist. Im weißen Bereich wuchs Clarkes Garten-Storchschnabel *Geranium clarkei*

›Kashmir White‹ mit fein ausgeschnittenem Laub und weißen Blüten mit einer zartrosa Mitte. An der Basis der Blütenblätter verlaufen sehr feine violett-rosafarbene Linien, die die Farbe intensivieren – ein subtiles, aber feines Detail.

Spätsommerblüher

Bei der Bepflanzung eines Gartens ist es wichtig, besonders auch an die späte Blüte zu denken. In der Hektik des Frühlings vergisst man schnell die Planung für das Ende des Jahres. Doch gerade zu Beginn dieser späten, oft etwas schwierigen Jahreszeit ist es wichtig zu wissen, dass es noch schöne Aspekte gibt, auf die man sich freuen kann. Für den Spätsommer und Herbst waren mir daher einige Pflanzen besonders wichtig, nicht nur, weil sie spät in der Saison eine Farbenpracht entfalteten, sondern auch, weil ihre Strukturen in den Wintermonaten ein wichtiger Hingucker waren.

Kandelaber-Ehrenpreis
Diese elegante Staude ist einer meiner Favoriten, weil sie so vornehm aussieht. Sie ist zu jeder Jahreszeit schön. Schon während des Wachstums stehen die Blütenstiele aufrecht, und die lanzettförmigen Blattkränze, die den Stiel wie einen Kragen umschließen, erscheinen in regelmäßigen Abständen. In den Sommermonaten bilden sich lange, schlanke und zierliche Blütenrispen am Ende der Stängel. Sie enden in einer feinen Spitze. Wenige Zentimeter unterhalb des Blütenansatzes erscheint ein weiterer, kürzerer Blütenrispenkragen, manchmal auch zwei. Der deutsche Name Kandelaber-Ehrenpreis passt wunderbar.

Diese Pflanze hat nicht nur stets eine elegante Form mit schön angeordneten Blättern und Blüten – sie steht auch wie eine Eins bis weit in den Winter hinein. Es gibt mehrere Sorten, fast alle in zarten Farben, von reinem Weiß über Lila, Rosa, Rötlich und Violett. *Veronicastrum virginicum* ›Album‹ ist immer noch mein Favorit, aber in der weißen Ecke hatte ich die etwas kleinere Sorte ›Erika‹, die sehr zart rosa, fast weiß, blüht. Auf der anderen Seite stand ›Fascination‹. Das war die erste *Veronicastrum*, die ich damals in der Gärtnerei von Piet Oudolf bekam. Was ich leider nicht wusste, war, dass der Name ein Wortspiel mit »Fasciation« war, ein Phänomen, das in der Natur immer wieder vorkommt, wenn Zellen miteinander verwachsen oder verbunden sind. Statt der üblichen

Im Frühsommer sind sowohl Blüten als auch Blattfarben noch frisch und knackig: Steppenkerze, Akelei, Iris und Spornblume geben den Ton an.

Je weiter der Sommer voranschreitet, desto spürbarer wird der nahende Herbst mit seinen ersten trockenen Gras- und Staudensilhouetten, die bis weit in den Winter für Struktur sorgen. Taglilien und Mutterkraut aus dem weißen Bereich werden ergänzt durch *Allium sphaerocephalon,* der durch mehrere Farbbereiche tanzt.

schlanken Blütenrispen waren ihre flach und breit, ähnlich einem Pinsel. Es ist eher eine Kuriosität, die jedoch von Jahr zu Jahr ausgeprägter wurde, was ich besonders bei dieser Pflanze schade finde, denn gerade die sehr schlanken Blüten gefallen mir so gut. Die Blütenstiele, reichlich mit ihrem purpurvioletten Blütenschmuck bestückt, erreichten fast einen Meter achtzig Höhe. Dagegen ist ›Lavendelturm‹, die im hinteren Gartenbereich stand, ähnlich hoch, aber, wie der Name schon sagt, lavendelfarben, eine interessantere Pflanze.

Astern

Ich kann mir einen Herbst ohne Astern nicht vorstellen. Die allererste Aster, in die ich mich damals verliebte, war *Aster pringlei* ›Montecassino‹. Sie hat sich schnell entwickelt in der weißen Ecke, wo sie erst im Spätherbst anfing, lufti-

Herbstliche Morgensonne auf dem Pfeifengras, umgeben von Astern: *Aster. frikartii* ›Mönch‹ (rechts) und Aster ›Little Carlow‹. Die Fetthenne ›Herbstfreude‹ verfärbt sich gerade von Rot ins Dunkelbraun für die Wintermonate.

ge weiße Blüten zu bilden und wie eine wogende Wolke im Beet zu stehen. In kalten Novembernächten können sich einige der Blüten blassrosa färben (was ihren Charme noch verstärkt), aber bis dahin stand sie strahlend weiß da, mit frischgrünem Laub und zahlreichen Blütenstielen, die sich bei Floristen großer Beliebtheit erfreuen.

Aus der Gärtnerei Orchard Dene von Chris und Toby Marchant kam Aster ›Little Carlow‹ mit wärmster Empfehlung. Sie hatte es mir angetan, bekam einen sehr schönen Platz neben der Rose ›White Wings‹ und entwickelte sich schnell zu meiner Lieblings-Herbstaster. Davon gibt es nicht wenige, und ich habe im Laufe der Jahre einige ausprobiert, aber sie ist immer noch meine Nummer eins. Sie ist extrem reichblühend, gesund und wohlerzogen. Sie bekommt keine braunen Beinchen wie die Raublattastern, hat einen angenehm lockeren Habitus und neigt sich leicht über die Nachbarn, was im Herbst kein großes Problem ist. Man muss nur darauf achten, dass der Nachbar kein Herbstblüher ist, der dann ebenfalls um Licht und Platz kämpft. Frühsommerblüher wie der Frauenmantel jedoch haben es bis dahin geschafft und es scheint sie nicht zu stören, wenn die Aster ihnen das Licht wegnimmt.

Gräser

Natürlich sind Gräser aus einem Herbstgarten nicht wegzudenken. Aber einige der Gräser, die wir in Coleshill gepflanzt haben, waren Sorten, die ich wegen ihres Laubes und nicht wegen ihrer Blüte ausgewählt hatte. Im roten Bereich waren auch Neuseeland-Seggen, *Carex comans* ›Bronze Form‹. Diese bronzefarbene Segge ist wintergrün und eine der wertvollsten Blattpflanzen, die ein Farbthema im Garten unterstützen können. Mit vierzig Zentimetern Höhe ist sie niedrig, aber eine gut einsetzbare Pflanze am Beetrand oder, wie in unseren Beeten, am Rand der Stützmauer, wo sie leicht überhängen konnte. Unsere hat allerdings etwas gelitten, weil die Katzen es sehr unterhaltsam fanden, sich darin zu verstecken oder darauf zu sitzen.

Der Blickfang im Garten war ein sehr gut platziertes Pfeifengras, *Molinia arundinacea*. Gerahmt von der blauen *Aster frikartii* ›Mönch‹, stand es genau dort, wo die tiefstehende Morgensonne im Herbst und Winter wie ein kräftiger Scheinwerfer auf ihre schöne Struktur schien. Mit der dunklen Hecke im Hintergrund leuchtete die wunderschöne Silhouette goldgelb in der Morgensonne und war der perfekte Blickfang aus dem Küchenfenster.

Da die meisten Gräser eine neutrale Farbe haben, können sie überall eingesetzt werden. Im weißen Bereich stand *Calamagrostis brachytricha*, das Diamantgras, auf der anderen Seite des Weges *Stipa calamagrostis*, das Silberährengras. Auf den ersten Blick unterscheiden sich die Pflanzen und ihre Blüten gar nicht so sehr, aber das später blühende Silberährengras beginnt früher zu blühen und hat eine goldgelbe Färbung, während das Diamantgras steifer ist, aufrecht wächst und eher im rosa-violetten Spektrum liegt.

Das Silbergras habe ich aus unserem ersten Garten mitgenommen, dort war es ein Traum. Es stand zuverlässig, bildete über einen außergewöhnlich langen Zeitraum immer wieder neue Blüten und war völlig anspruchslos. Deshalb musste es mit in den neuen Garten. Irgendwie mochte dieses Gras den Umzug nicht so sehr und trotz mehrerer Versuche an verschiedenen Standorten war es nicht glücklich. Es kollabierte immer wieder, was es vorher nie getan hatte. Ich befürchtete, dass der Boden, der über viele Jahre von unserem Vormieter Drew gut gedüngt worden war, immer noch nährstoffreicher war als der im alten Garten, der jahrzehntelang aus Gras bestand, das nur ab und zu gemäht wurde. Das Silberährengras verträgt einen trockeneren Standort als das Diamantgras und stellt keine hohen Ansprüche an die Nährstoffe.

Bodendecker und Unkrautbekämpfer

Durch Zufall habe ich in diesem Garten entdeckt, wie wertvoll und nützlich Bodendecker im Beet sein können. Als Unterpflanzung im Schatten am Fuß der Eibenhecke und unter der Rose ›Tuscany Superb‹ hatte ich einige Walderdbeeren gepflanzt. Es waren kleine Pflänzchen, die ich aus dem Garten meines Vaters mitgenommen hatte. Schon als Kind habe ich sie geliebt. Das hübsche Blatt, die niedlichen Miniatur-Erdbeerblüten und dann die unvergleichlich köstlichen kleinen Früchte, die ich immer als Belohnung für den Gärtner angesehen habe. Eine Handvoll schaffte es ab und zu als Krönung eines sommerlichen Obstsalates in die Küche, aber die meisten wurden immer sofort aufgegessen.

Unter der ›Tuscany Superb‹ fühlten sie sich wohl. So wohl, dass sie sich mit der Zeit niederließen und einen dichten Teppich bildeten. Von Jahr zu Jahr wurde er größer, nach einigen Jahren hatte er still und leise das gesamte linke Beet der Farbrabatten bedeckt.

Die Stauden schien das nicht zu stören. Die Decke war nicht so dicht, dass sie sich im Frühjahr nicht aus der Erde getraut hätten. Im Gegenteil, sie haben einfach ihre Nasen durch das schöne Laub gesteckt. Auffallend war, wie viel mehr Unkraut in der anderen Hälfte des Gartens zu jäten war, im Vergleich zu diesem Teil.

Selbstaussäer

Wie im Vorgarten habe ich mich auch in den Rabatten sehr über die Selbstaussäer gefreut, auch wenn ich hier mehr Disziplin aufbringen musste, damit das Farbkonzept nicht mit der Zeit komplett verlorenging. Wenn eine Pflanze meiner Ansicht nach am falschen Standort steht, nehme ich sie raus. Entweder wird sie an eine passende Stelle umgesetzt oder an Freunde und Nachbarn verschenkt.

In der gelb-orangenen Ecke stand ein hübscher *Papaver rupifragum*, der Orangenmohn. Diese sehr lang blühende Wildsorte gehört zu jenen Langblühern, die nur eine kurze Lebensdauer haben und meist nur ein- oder zweijährig sind. Das stellt aber in der Regel kein Problem dar, da die Pflanze über mehrere Monate immer wieder neue Blütenknospen bildet, während die älteren Blüten bereits Samen bilden, die sich verbreiten. Das ziemlich schmale Laub ist graugrün und leicht behaart, was auf seine Trockenheitsverträglichkeit hinweist. Wie viele Mohnsorten gedeiht er gut auf steinigen, durchlässigen Böden.

Ein weiterer wunderbarer Selbstaussäer ist die Nachtkerze.

Akelei als frühe Vegetationsschicht

So, wie es in unserem Garten verschiedene Mohnsorten gab, die in verschiedenen Farbbereichen blühten, gab es auch Akeleien in verschiedenen Sorten. Es ist eine großartige Pflanze, die einfach gute Laune macht. Akeleien sind fröhlich und unkompliziert. Obwohl sie auch schattenverträglich sind, finden sie es nicht schlimm, zwischen anderen Stauden an sonnigen Standorten zu wachsen, weshalb sie fast jedes Staudenbeet, das ich gestalte, begleiten. Man braucht mehr als eine Pflanze, um einen Effekt zu erzielen. Obwohl ich gerne mehrere Akeleien pflanze, damit sie locker verstreut über das Beet tanzen können, schmilzt die Akelei, ähnlich wie der Mohn, nach der Blüte fast vollständig weg. Deshalb sollte man sie nie zusammen als größere Gruppe pflanzen. Akeleien eignen sich besonders gut zwischen spätsommer- und herbstblühenden Pflanzen, die im Frühjahr noch nicht so präsent sind. Sie bilden die erste Vegetationsschicht und werden dann von den Spätsommer- und Herbstblühern abgelöst.

Im Frühjahr eröffnen sie die Staudensaison im Beet mit einem großen Farbspektrum. Ich freute mich über die Sämlinge, musste aber irgendwann feststellen, dass es einige Ecken gab, in denen fast nur noch Akelei stand und diese die späteren Stauden verdrängt hatte. Ich bin daher vorsichtiger geworden und schneide seitdem die alten Blütenstängel heraus, bevor die Samen reifen.

Vorne, im gelben Bereich, tanzte *Aquilegia chrysantha* hoch über den anderen mit ihren schönen, lang gespornten Blüten. Diese sind besonders elegant und sie blüht länger als die meisten anderen Sorten. Die gefüllten, pomponartigen Barlow-Hybriden tauchten in verschiedenen Farben bei uns auf, von Dunkelblau (›Blue Barlow‹) über Zartrosa bis hin zu Grünweiß (›Green Apples‹). ›Ruby Port‹ hat ein tolles Dunkelrot, wie ein guter Portwein, und wuchs am Ende des roten Bereichs mit ›William Guinness‹. Der schmale weiße Rand der dunkelvioletten Blüten sieht aus wie die cremige Schaumkrone auf einem frisch gezapften Guinness. Nach einigen Jahren hatte sich ›Ruby Port‹ mit ›William Guinness‹ gekreuzt – die Blüten erschienen dann dunkelrot mit weißen Krägen.

Auch lange nach der Blüte sind die kleinen runden Samenkapseln von *Verbascum blattaria* ›Alba‹ noch attraktiv und geben einen schönen Kontrast zu den Samenkapseln von Jungfer im Grünen.

Königskerzen

Eines Tages kam Gabriella von einem Gartenbesuch mit einem Verbascum-Sämling in der Hand zurück. Die Besitzerin warnte sie, dass sie es wahrscheinlich eines Tages bereuen würde, diese Pflanze in ihren Garten geholt zu haben. Weiße Schaben-Königskerze, *Verbascum blattaria* ›Alba‹, ist die weiß blühende Form, normalerweise ist sie wie viele Königskerzen gelb. Sie wird einen bis einen Meter zwanzig hoch mit schlanken, langen, senkrechten Blütenrispen, die manchmal verzweigt sind. Diese zweijährige Pflanze sät nach der Blüte, wie unser heimischer Fingerhut, Samen aus, bevor die Pflanze abstirbt. Im darauffolgenden Jahr erscheint eine Blattrosette, aus der sich wiederum im nächsten Jahr die Blüte entwickelt. Die Dame, die Gabriella den Sämling geschenkt hatte,

Die weiße *Verbascum blattaria* ›Alba‹ mit der roten *Knautia macedonica* am Rand des Roten Bereichs.

behielt Recht: die Pflanze säte sich aus – aber das hat mich nie gestört. Im Gegenteil, ich hatte sie ursprünglich in die weiße Ecke gepflanzt, aber von dort ist sie zu den dunkelroten Blumen gewandert. Hier entstand eine jener wunderbaren Zufallskombinationen, die nur dank solcher Opportunisten entstehen können. Sie erschien in der Nähe einer Gruppe von *Knautia macedonica*, der Purpur-Witwenblume. Diese lang blühende Staude wird fast so hoch wie die Königskerze und hat runde Blüten wie kompakte Knöpfe in einem schönen, samtigen Dunkelrot. Die Staubblätter der benachbarten Königskerze hatten genau das gleiche wunderbare Dunkelrot. Es ist zwar nur ein kleines Detail, aber es ist sehr schön, zumal im Vordergrund ein Tisch mit zwei Stühlen stand, die ebenfalls diesen Rotton hatten. Hinzu kam, dass auf der anderen Seite des Tisches, im weißen Bereich, eine zusätzliche Rose ›White Wings‹ stand, deren weiße, einfache Blüte auffallende rote Staubgefäße hatte.

Lieblingskombinationen

Diese hübsche Kombination von Königskerze und Knautia ist nur eine von vielen, die Aufmerksamkeit verdienen. Auch in Gärten, in denen der Platz für große Farbthemen nicht ausreicht, kann man mit zwei oder drei Pflanzen, die besonders gut zusammenpassen, kleine Highlights setzen, und sei es nur für einen kurzen Auftritt.

Bei der Königskerze, vor dem Mohn ›Patty's Plum‹, stand das Trio aus Akelei ›William Guiness‹, Akelei ›Ruby Port‹ und deren dunkelrotem Sämling mit weißem Kragen als Begleiter von *Geranium phaeum* ›Samobor‹. Die Sämlinge der Akelei hatten genau den gleichen dunkelroten Farbton wie der Storchschnabel, nur umgekehrt. Bei der Akelei war der Rand weiß, beim Storchschnabel hatte die Mitte der Blüte ein kleines weißes Auge. Der Kron-Rhabarber mit seinen rötlichen Blättern unterstützte das Farbthema. Ende Mai, Anfang Juni war er am schönsten und bildete einen eindrucksvollen Partner für den ebenso eindrucksvollen roten Mohn ›Beauty of Livermere‹. Auch wenn all diese Mohnsorten nur einen kurzen Auftritt haben, hinterlassen sie doch einen großen Eindruck. So habe ich die Kombination der bronzefarbenen Neuseelandsegge ›Bronze Form‹ zu meinem beliebten orangefarbenen *Papaver* ›Saffron‹ gefunden. Dieser wiederum hat die gleiche zartorange Farbe wie der kleinere, langblühende *Papaver rupifragum*. Die kleineren Blüten sind vielleicht nicht so atemberaubend wie die von ›Saffron‹, aber dafür blüht die Pflanze viel länger. Der bronzefarbene Fenchel war eine gute Ergänzung in dieser Ecke.

Es müssen nicht immer »Wow«-Pflanzen sein, um diese tollen Effekte zu erzielen. Es können auch kleinere, bescheidenere Kandidaten sein. Eine weitere schöne Mohnkombination war der erfrischend zartrosa *Papaver* ›Karine‹ mit dem blauen Pracht-Storchschnabel. Die beiden gaben ein hübsches Paar ab. Aber so zart und lieblich diese beiden auch waren, die Kombination mit dem Armenischen Storchschnabel ist, egal mit wem man ihn kombiniert, ein Knaller. Das intensive Magenta und die schwarzen Augen sind wirklich beeindruckend. Mein Favorit war ›Anne Folkard‹, weil sie sich jedes Jahr zuverlässig durch die dunkelrote Rose ›Tuscany Superb‹ gekämpft hat, um auf der sonnigen Seite (zum Glück war das die Terrassenseite) schön verteilt über der Rose zu stehen.

Auch im weißen Bereich gab es mehrere Partnerschaften, die ein harmonisches Gesamtbild ergaben. Die weiße Spornblume, *Centranthus ruber* ›Albus‹, war ein lang blühender Begleiter der anderen weiß blühenden Pflanzen. Der leichte Grauton des Laubes bildete einen schönen Kontrast zu den Grüntönen der Nachbarpflanzen. Wenn in einem Bereich des Gartens eine sehr begrenzte Farbpalette verwendet wird, ist es wichtig, dennoch einen Kontrast zu schaffen. Dies kann durch unterschiedliche Grüntöne des Laubes, unterschiedliche Farbnuancen der Blüten und natürlich durch unterschiedliche Blattformen und -texturen erreicht werden. Am Rande des weißen Bereichs, wo Blau in Weiß überging, stand der Enzian-Ehrenpreis *Veronica gentianoides* ›Variegata‹. Eine der wenigen Pflanzen mit panaschierten Blättern, die ich in meinem Garten geduldet habe, weil sie mir von einer sehr netten älteren Dame geschenkt wurde und mich an sie erinnert. Sie blüht im Frühjahr dreißig Zentimeter hoch mit schlanken, zartblauen Blüten. Die Sorte ›Maihimmel‹ wächst etwas kräftiger und hat ein etwas intensiveres Blau, für diejenigen, die keine panaschierten Blätter mögen. In unserem Fall passten die cremefarbenen Blatt-ränder in das Farbkonzept dieses Bereichs, ebenso wie das silberne, feine Laub des halbstrauchigen Wermut *Artemisia* ›Powis Castle‹, die leicht graugrünen, großen, filzigen Blätter des Muskatellersalbeis sowie die schlanken, senkrechten Linien des Diamantgrases. Die Blüten des Muskatellersalbeis (*Salvia sclarea*

›Turkestanica‹) sind blau und weiß. Der eigentliche Blickfang sind jedoch die Hüllblätter, die ein großes Farbspektrum von Silber, Weiß, Rosa und Violett bieten. Sie sind im Knospenstadium vorhanden und bleiben bis zur Samenreife farbig. Auch diese Pflanze ist zweijährig und muss jedes Jahr neu gepflanzt werden. Aber die lange Blütezeit und das schöne Farbenspiel lohnen die Mühe.

Auch nicht ganz weiß, aber ein sehr zartes Rosa, besonders in der Blüte, zeigt *Veronicastrum virginicum* ›Erika‹. Beim Verblühen wurde sie immer blasser, bis sie fast weiß war. Im Hintergrund wogte die große, dicke Johanniswolke mit ihren cremefarbenen Blüten, daneben die reinweiße Rose ›Mme Hardy‹.

Begleitpflanzen für Zwiebeln

Frühlingszwiebeln im Beet sind immer wirkungsvoller, wenn sie in guter Gesellschaft stehen, alleine wirken sie leicht etwas verloren. Es schmeichelt ihnen, wenn sie von anderen Pflanzen umgeben sind, auch wenn es sich nur um interessante Blattpflanzen handelt. Frühe Stauden wie Akelei sind immer gute Begleiter, zumal einige von ihnen etwas rötlich gefärbte neue Triebe bilden. Eine meiner Lieblingsstauden zu Beginn der Saison ist der Purpur-Wiesen-Kerbel *Anthriscus sylvestris* ›Ravenswing‹. Während der Blütezeit der Zwiebeln entwickelt er sich rasant und steht dann in voller Blüte, bis die Zwiebeln langsam vergehen, und lenkt somit völlig vom braun werdenden Laub der Zwiebeln ab.

Auch die frühblühenden Wolfsmilchgewächse sind eine gute Gesellschaft für Tulpen mit ihrer tollen, leuchtend grünen Blütenfarbe, die wunderbar zu jeder anderen Farbe passt.

Die große *Euphorbia characias* ssp. *wulfenii* macht immer einen imposanten Eindruck, schon eine einzige Pflanze genügt, um eine unmittelbare Wirkung zu erzielen. Die zarte Zypressenwolfsmilch *Euphorbia cyparissias* verwende ich gerne als lockeren Bodendecker, der andere Pflanzen nicht daran hindert, die Nase in den Himmel zu strecken. Besonders die Sorte ›Fens Ruby‹ mit etwas rötlichem Laub ist schön mit orangefarbenen und roten Tulpen. Dasselbe gilt für die rotblättrige Süße Wolfsmilch *Euphorbia dulcis* ›Chameleon‹. Aber auch die Sumpf-Wolfsmilch *Euphorbia palustris* ›Teichlaterne‹ oder die größere ›Wahlenburg's Glorie‹ sind großartige Begleiter.

Im Winter verliert der Garten zwar seine Farbenpracht, bietet aber immer noch viel Struktur: Die Gräser, Fenchel, Kandelaber-Ehrenpreis und Mannstreu spielten dabei die Hauptrolle.

Eine Staude, die im Frühjahr immer sehr eindrucksvoll aussieht, ist der Bronze-Felberich, *Lysimachia ciliata* ›Crackerjack‹. Sein Austrieb ist fast schwarz und sehr eindrucksvoll. Das Laub wird im Laufe der Saison eher rotbraun, bleibt aber interessant. Im Hochsommer blüht die Pflanze mit locker verteilten gelben Blüten. Ich finde sie sehr charmant – wären da nicht die Ausläufer. Auf unserem schweren Lehmboden hielt sich das in Grenzen, aber auf lockerem Sandboden ist es schwierig, sie in Schach zu halten. Im roten Bereich bildete der ›Crackerjack‹ gemeinsam mit zwei anderen rotlaubigen Pflanzen – *Euphor-*

bia dulcis ›Chameleon‹ und *Anthriscus* ›Ravenswing‹ – einen schönen Akzent zu den orangefarbenen und roten Tulpen.

Vergissmeinnicht ist natürlich ein Klassiker und wird immer noch oft als Begleitpflanze in klassischen »Wechselflorbepflanzungen« verwendet. Unserer war einjährig und säte sich nach dem ersten Jahr immer wieder aus und vermehrte sich dadurch im Beet, wo auch immer es ihm gefiel. Dieser frühe Lückenfüller passte mir gut, war aber nicht so zuverlässig wie das Kaukasusvergissmeinnicht *Brunnera macrophylla*, eine mehrjährige Staude, bei der man jedes Jahr weiß, wo sie stehen wird.

Während im Vorgarten der Akzent auf Herbst, Winter und Frühling lag, war dieser eingefasste separate Gartenbereich ein echter Sommer-/Spätsommer-/Herbst-Garten, da wir uns hier um diese Zeit am meisten aufhielten. Selbstverständlich waren auch einige Spätherbststauden dabei, und es gab viele wunderbare Strukturpflanzen, die im Winter bei Frost oder Schnee eine schöne Silhouette hatten, und natürlich hatten wir frühe Zwiebeln wie Traubenhyazinthen in die Erde gebracht, aber unser Hauptaugenmerk lag auf der warmen Jahreszeit, wo wir draußen sitzen konnten.

DER GEMÜSEGARTEN UND NUTZGARTEN

Obwohl wir beide die meiste Zeit unseres Lebens einen Gemüsegarten hatten, legten wir im Gegensatz zu unseren Vorfahren, die mit diesem Garten das ganze Jahr über ihre Familie ernähren mussten, nie den Ehrgeiz an den Tag, uns komplett selbst zu versorgen. Der Gemüsegarten war für uns in erster Linie ein Ort, um Pflanzen anzubauen, die frisch am besten schmecken und auch so gegessen werden sollten oder die es im Laden nie oder nur selten zu kaufen gibt. Es sollte eher eine Speisekammer für Besonderheiten sein, wo man immer etwas Leckeres zum Essen findet. Im Sommer gab es mehr als im Winter, aber das gibt uns die Natur nun mal vor. Gemüse aus dem eigenen Garten ist immer saisonal und absolut regional. Direkt vom Beet in die Küche, ohne zusätzliche Behandlung, Verpackung oder Transport – nachhaltiger geht es nicht. Ich finde es schwierig, im Winter Sommergemüse wie Zucchini oder Tomaten zu kaufen oder zu Weihnachten noch Spargel im Angebot zu sehen. Nicht nur, dass dieses Gemüse meist eine unnötig lange Reise hinter sich hat – es passt einfach nicht zur Jahreszeit. Aus dem gleichen Grund vermeide ich es auch, große Mengen der Ernte einzukochen oder einzufrieren. Außerhalb der Saison schmeckt es einfach nicht so gut und ehe man es sich versieht, steht die neue Ernte vor der Tür und man hat immer noch viel vom Vorjahr übrig. Bis auf wenige Ausnahmen von Leckereien, die ich das ganze Jahr über verwende – wie Marmeladen, eingelegte Knoblauchzehen oder Tomatensugo –, beschränke ich meine Vorräte auf wenige Portionen, um die Saison zu verlängern; mit dem Rest beglücke ich lieber Nachbarn, Freunde und Verwandte.

Schwierig finde ich es allerdings immer, Gemüse zu pflanzen, das besonders viel Mühe macht, viel Platz und Zeit braucht und dann generell in der Region überall zur selben Zeit erntereif ist, so dass es beim örtlichen Gemüsehändler ohnehin in Mengen und für wenig Geld zu haben ist. Dazu gehören viele Kohl-, Kartoffel- und Zwiebelsorten. Ich sage viele, nicht alle. Auch hier gibt es Sorten, die schwieriger im Handel zu finden sind, zumindest zu der Zeit, als sie in England auf dem Land nicht üblich waren: Palmkohl, Romanesco und roter Grünkohl gehörten ebenso dazu wie Schalotten, Knoblauch und besondere Kartoffelsorten. Ich gebe auch zu, dass ich mich schwertue, etwas endgültig zu ernten. Einen Salatkopf zu schneiden, Lauch, Karotten oder Rote Bete aus der Erde zu ziehen, einen Kohlkopf abzuschneiden, verändert das Gesamtbild des schönen Gemüsegartens, auf den man doch so stolz ist. Anders ist es bei Bohnen, Erbsen, Zucchini und Tomaten, die man über einen längeren Zeitraum beernten kann und die dabei weiterwachsen. Deshalb habe ich mein Gemüse oft länger stehen lassen, als es eigentlich gut war, nur, weil ich den schönen Anblick nicht zerstören wollte.

Licht, Wasser und Nährstoffe

Es braucht nicht viel, um ein wenig Gemüse anzubauen. Gemüsepflanzen verlangen ausreichend Licht, genügend Wasser und einen liebevoll gepflegten, nährstoffreichen Boden. Wirklich entscheidend ist das Sonnenlicht. Gemüsepflanzen brauchen einen sonnigen Standort, besonders alle fruchttragenden Pflanzen wie Tomaten, Auberginen, Bohnen und Zucchini. Blattgemüse wie Kopfsalat und Spinat kann man auch an einem halbschattigen Platz anpflanzen, aber der Ertrag ist dann nicht so gut. Allzu oft sehe ich Gärtner, die enttäuscht sind, weil aus ihren Versuchen nichts geworden ist. Meist liegt es daran, dass die Lichtverhältnisse falsch eingeschätzt wurden. Oft höre ich: »Ja, ja, da kommt Sonne.« Wenn ich dann genauer nachfrage, sind es vielleicht doch nur zwei oder drei Stunden am Tag. Selbst wenn der vorhandene Boden nicht der beste ist, kann man sehr viel erreichen, indem man jährlich eine Kompostschicht von fünf bis zehn Zentimetern aufbringt. Das versorgt die Pflanzen nicht nur mit Nährstoffen, sondern erhöht auch die Wasserspeicherkapazität des Bodens und verhindert Verdunstung.

Vom Acker zum Gemüsegarten

Nachdem wir in den ersten beiden Jahren die Eibenhecken für den Farbgarten gepflanzt und die Rabatten angelegt hatten, war der Gemüsegarten erst im dritten Jahr an der Reihe. Zuerst hatten wir den alten Garten hinter den Farbbeeten so weiterbewirtschaftet, wie Drew und Maida es getan hatten, mit langen Reihen Bohnen, Erbsen, Saubohnen, Zucchini, Kopfsalat, Mangold, Spinat, Kartoffeln, Zwiebeln, Lauch, Karotten und Pastinaken. Obwohl sich die Fläche durch die neue Bepflanzung und einen Teil, den wir als Beet für Stauden nutzten, die wir in größeren Mengen brauchten, stark verkleinert hatte, war es immer noch ein großer Acker. Außer vielleicht für Kartoffeln braucht ein Zwei-Personen-Haushalt nicht wirklich derart lange Reihen. Anfängerglück, Enthusiasmus und Eifer brachten Salat und Bohnenberge hervor, ganz zu schweigen von einem Albtraum an Zucchini, der uns bald heimsuchte.

Für die nächste Saison wurden Gemüsebeete geplant und gebaut. Rechts vom Rasenweg, in der Verlängerung der bunten Rabatten, legten wir vier große quadratische Beete an mit jeweils sechs Quadratmetern Fläche. Der Übergang zum hinteren Gartenbereich wurde durch eine weitere Eibenhecke abgetrennt. Vor der neuen Hecke war noch genügend Platz für zwei schmalere Beete von je einem Meter zwanzig Tiefe. Im ersten pflanzten wir Johannisbeeren, im zweiten zwei Rhabarberpflanzen. Entlang des Beetrandes setzten wir eine Reihe Erdbeeren.

Links vom Rasenweg, hinter dem Hängemattenplätzchen, legten wir ein fünftes Beet an und stellten zudem ein Frühbeet auf.

Beim Übergang von den bunten Staudenbeeten zum Gemüsegarten gab es einen deutlichen Themenwechsel. In die Lücke in der Eibenhecke setzten wir eine Reihe Ziegelsteine in den Boden, die den Wechsel von einem Bereich in den nächsten markierte. Hier endete der Rasenweg, der sich weich und leise unter den Füßen anfühlte, und zugleich begann der harte Schieferweg, der um die Gemüsebeete lief und der beim Betreten einen einzigartigen Klang erzeugt. Ähnlich wie später im Vorgarten wurde auch hier die Erde einfach mit einem Vlies als Unkrautbarriere abgedeckt und mit Schiefersplitt bestreut.

Die Beete waren mit niedrigen Holzrahmen eingefasst und dadurch leicht erhöht. Man kann nicht wirklich von Hochbeeten sprechen, aber sie befanden sich sieben Zentimeter über der Erdoberfläche. Die Umrandung und die leichte Erhöhung haben mehrere Vorteile: Für den Anbau war es hilfreich, da die schwere, lehmige Erde am Ende des Winters etwas schneller abtrocknete und sich somit schneller erwärmte, so dass man früher mit der Aussaat und der Pflanzarbeit beginnen konnte. In einem nassen, kalten Boden werden Jungpflanzen nicht schnell wachsen und Feinden wie Schnecken einen Schritt voraus sein. Auch psychologisch war diese Einteilung ein großer Gewinn: Statt der riesigen Beetflächen, die uns jeden Herbst vorwurfsvoll anstarrten und bei denen wir im Laufe der Saison mit dem Jäten und Pflegen nicht hinter-

Wie im Vorgarten wurden auch hier Bruchstücke alter Schieferplatten für die Wege verwendet. Die blaugraue Farbe kontrastiert auch hier schön mit den verschiedensten Grüntonen der Gemüsepflanzen.

herkamen, hatten wir plötzlich diese fünf sehr übersichtlichen, abgegrenzten Bereiche, in denen man sich die Arbeit viel besser einteilen konnte. Die Vorstellung, dass man sich jeden Tag einen Bereich zum Jäten vornimmt und dann noch Zeit für etwas anderes hat, ist viel angenehmer, als vor einer schier endlosen Aufgabe zu stehen.

Die ungefähr hüfthohen Hochbeete, die jetzt so im Trend liegen, finde ich persönlich schwierig, weil man doch sehr viel Material braucht, um sie zu befüllen, und das ist nicht so einfach zu organisieren, besonders wenn man nur einen kleinen Stadtgarten hat. Sie trocknen auch schneller aus. Aber irgendeine Form der Umrandung lohnt sich, vor allem, wenn man Probleme mit dem Bücken hat, ist ein etwas höheres Beet angenehm, dann kann man sich wenigstens auf den Rand setzen und muss sich nicht so weit nach vorne beugen. Auch wenn es nur fünfzig Zentimeter sind, ist das schon ein Gewinn.

Die Einladung für die Seele: ein schöner Stuhl zum Ausruhen

Ich finde es genauso wichtig, einen Gemüsegarten schön zu gestalten wie einen Blumengarten. Er ist einer der pflegeintensivsten Gartenbereiche, in dem man sich regelmäßig aufhält und viel Zeit mit Pflanzen, Umpflanzen, Säen, Ausdünnen, Stützen, Pflegen, Unkrautjäten und natürlich Ernten verbringt.

Ein Stuhl oder eine Bank lädt zu einer Pause ein – auch wenn es besonders im Winter nur die Seele ist, die sich dort niederlässt.

Das Frühjahr ist immer die schönste Zeit, finde ich, dann sind die frisch vorbereiteten Beete noch schön unkrautfrei, die ersten saftig grünen Salatreihen wachsen in die Höhe, Radieschen und anderes Frühgemüse sind bald erntereif. Im Frühsommer gedeiht es am üppigsten, dann sind alle Plätze besetzt und alles sieht perfekt aus, obwohl die erste Ernte schon begonnen hat. Manches ist schon ein zweites Mal ausgesät. Alle Gartenbereiche haben ihre schwachen Momente, aber der Gemüsegarten ist der Bereich, in dem es nicht immer picobello aussieht. Besonders am Ende eines langen, heißen Sommers oder in der Herbst-/Winter-Periode. Wenn das meiste abgeerntet ist und nur noch ein paar traurige Kohlpflanzen krumm und schief herumstehen, ist das wenig attraktiv. Dann hilft immer eine gute Struktur, eine klar lesbare Gestaltung, wo sich das Auge dann einfach an der architektonischen Form erfreuen kann. Deshalb ist es auch so wichtig, dass vor Wintereinbruch im gesamten Garten die Hecken gut geschnitten, die Rasenkanten frisch abgestochen und die Wege frei von Unkraut und Laub sind.

Ein kleines, aber wichtiges Detail war ein schöner, sehr einladender Stuhl. Er stand in der Querachse des Gartens und war eine von mehreren kleinen Einladungen an die Seele. Zu wissen, dass man sich dort hinsetzen konnte, um eine kurze Pause zu machen, tat gut. Meist ist es nur bei dem Gedanken geblieben, und wir haben vielleicht mal die Jacke dort abgelegt – aber wenn man sich dann doch hinsetzte, war die Belohnung ein schöner Blick über die angrenzenden Hecken in die weite Landschaft.

Frühbeet

Von Drew hatten wir zwei kleine, nicht sehr ansehnliche Frühbeete geerbt. Es waren einfache Konstruktionen aus Betonsteinen mit alten, holzgerahmten Glasscheiben. Leider waren die Rahmen in schlechtem Zustand und die Beete an einem nicht allzu gut zugänglichen Ort, also rissen wir sie ab und kauften ein neues Frühbeet aus recyceltem Kunststoff, der aussah wie Holz. Es war auch ein Versuch – ich hatte bislang mit Frühbeeten aus Beton oder Ziegeln gearbeitet, manchmal auch aus Holz, und ich wollte sehen, wie gut dieses Modell abschneiden würde. Das Ergebnis: leider eher schlecht. Als freistehende Konstruktion war das Frühbeet sehr leicht und damit anfällig für starke Windböen. Die dünnen Wände isolierten kaum, so dass sich kein günstiges Mikroklima entwickeln konnte, was ja aber Sinn und Zweck eines Frühbeets ist. Die Frühbeete meiner Kindheit waren aus Betonplatten gebaut, was auch nicht das beste Isolationsmaterial ist, aber sie waren etwas tiefer in die Erde eingegraben, wodurch die Pflanzen wiederum besser geschützt sind.

Frühbeete sind wunderbar, um Setzlinge vorzuziehen oder die Saison für den ersten Salat und frische Kräuter etwas vorzuverlegen. Sie sind auch sehr praktisch, um Sämlinge oder Stecklinge, die drinnen auf der Fensterbank standen und sich noch nicht an das Leben im Freien gewöhnt haben, abzuhärten. Auch für die Überwinterung empfindlicher Pflanzen kann man sie gut nutzen.

Blick aus dem Gemüsegarten Richtung Präriegarten. Vor der Eibenhecke links das Frühbeet, rechts die Schwarze Johannisbeere; hinter der Hecke der Rasen mit Hühnerstall, vom Präriegarten durch zwei Apfelbäume abgegrenzt.

Viele Pflanzen sind gar nicht so kälteempfindlich, sondern eher nässeempfindlich, vor allem in der Winterruhe, wenn sie wenig Wasser benötigen. Zu nasse Füße können dazu führen, dass die Pflanze verfault. Deshalb habe ich meine Aurikeln und getopften Zwiebeln im Winter oft im Frühbeet – geschützt vor Schnee und Regen – überwintert.

Fruchtfolge in den vier Gemüsebeeten

Gärtnern ist wie Kochen: jeder hat seine ganz eigenen Rezepte und Vorgehensweisen. Ob Rosenschnitt, Kompost oder Gemüseanbau – alle meinen, es besser zu können als die anderen. Die Ansichten gehen schnell auseinander, von Mensch zu Mensch, von Region zu Region, von Land zu Land. Sicher ist: Solange eine Pflanze gesund und kräftig ist, gut blüht oder einen zufriedenstellenden Ertrag bringt, macht man etwas richtig – egal, ob die Fruchtfolge eingehalten wurde, welches Gemüse wo steht und ob man an Begleitpflanzen glaubt oder nicht.

Doch ein wenig lohnt es dennoch, zumindest darauf zu achten, welche Pflanzen miteinander benachbart sind. Und um zu vermeiden, dass Krankheiten von Jahr zu Jahr übertragen werden, ist es sinnvoll, Pflanzen nicht zwei Jahre hintereinander am selben Standort anzubauen.

Wo möglich, haben wir uns an eine viergliedrige Fruchtfolge gehalten, bei der Wurzelgemüse, Fruchtgemüse, Blattgemüse und Kohlverwandte oder Kreuzblütler voneinander getrennt stehen sollten. Leider war das nicht immer möglich, da wir nicht von allem die gleichen Mengen angebaut haben. Außerdem habe ich nach der Ernte eines frühen Gemüses wie Stielmus, Radieschen, Erbsen oder Saubohnen etwas anderes für eine spätere Ernte gesät, das nicht unbedingt zur gleichen Gruppe gehörte. Doch es ist in jedem Fall besser, nach der Ernte etwas Neues zu säen, als den Boden monatelang brach liegen zu lassen.

Frucht

Es gibt kaum ein Sommergericht ohne Fruchtgemüse. Besonders die Nachtschattengewächse wie Tomate, Aubergine und Chili sind dabei wichtige Protagonisten, aber auch Kürbisgewächse wie Gurke und Zucchini sind wichtig. Im Herbst gibt es dann auch noch eine Vielfalt an Kürbissen. Die Kürbispflanzen landeten meist irgendwo im Garten, wo für die Saison ein Stück Beet freiblieb, oder auch auf dem Komposthaufen. Sie sind ausgezeichnete und schnelle Bodendecker, die das Unkraut am Wachsen hindern. Die großen orangefarbenen, die es im Herbst überall zu Halloween gibt, kann man übrigens zum Kochen vergessen, sie sind geschmacklos und wässrig und für die Küche völlig uninteressant. Es gibt so viele andere, leckere Sorten, die unbedingt einen Platz verdient haben. Die kleineren, orangeroten, zwiebelähnlichen Hokkaidos sowie die dekorative Sorte ›Sweet Dumpling‹ mit fast weißer Schale und dunkelgrünen Streifen sind empfehlenswert: Die kleinen runden Früchte eignen sich hervorragend als Einzelportionen, überbacken und mit einer herzhaften Füllung gefüllt. Ich liebe auch das feste Fruchtfleisch des Butternut Squash. ›Marina di Chioggia‹ ist vielleicht nicht der hübscheste aller Kürbisse, aber einer der leckersten, mit gutem Geschmack und festem Fruchtfleisch. Ich schneide alle Kürbisse in Stücke, entferne die Kerne und bestreiche sie mit Olivenöl, Salz, Pfeffer und Muskatnuss. Nach dem Backen kann man sie entweder so essen (viele Sorten haben eine dünne Schale, die man mitessen kann), oder man kann das Fruchtfleisch mit einem Löffel herauslösen und zu Suppe, Flan, Gnocchi, Pastafüllung oder Quiche verarbeiten.

Die köstlichen Hülsenfrüchte wie Erbsen, Zuckerschoten, Kaiserschoten, Saubohnen und verschiedenste Bohnen nahmen fast ein Beet für sich alleine in Beschlag. Dank spezieller Bakterien können Pflanzen, die zu dieser Familie gehören, Stickstoff im Wurzelbereich speichern. Deshalb ist es empfehlenswert, im nächsten Jahr Blattgemüse wie Salat, Spinat und Radicchio in dieses Beet zu pflanzen. Bohnen sind ohnehin für mich ein Muss. Ich liebe sie in allen möglichen Formen und Farben. Ob als Beilage oder als Hauptdarsteller wie im Salade Niçoise – sie passen zu Vielem und man kann sie den ganzen Sommer über ernten. Es gibt sie als kompakte Buschbohnen, die sich auch für Kübel oder Hochbeete eignen, aber ich bevorzuge die kletternden Sorten, denn sie sind nicht nur leichter zu ernten, sondern auch eine sehr dekorative Bereicherung für den Garten, da sie eine der wenigen Gemüsepflanzen sind, die Höhe in den Gemüsegarten bringen. Ein schönes Tipi oder eine Reihe aus Bambusstäben, Weide oder anderen Zweigen gibt dem Garten eine wertvolle Struktur.

Einige Sorten, wie die köstlichen Borlotti-Bohnen, trockne ich für die Wintermonate. Borlotti-Bohnen sind leuchtend rot-weiß gemustert, aber leider werden sie beim Kochen eher bräunlich. Ich liebe diese sehr dekorativen Bohnen und verwende sie wie die Italiener: in deftigen Wintersuppen oder als lauwarmen Salat mit Zwiebeln und Stangensellerie, mit viel Olivenöl. Es gibt so viele Sorten, die man einfach haben muss, dass ich immer mehrere gesät habe. Die gelben Butterbohnen und die violetten Sorten wie ›Blauhilde‹ sind dekorativ und man findet sie bei der Ernte schneller. Letztere haben sogar violette Blüten, die dem Gemüsegarten eine zusätzliche dekorative Note verleihen. Leider verlieren die violetten Sorten, wie die meisten violetten Gemüse, beim Kochen ihre Farbe und werden grün. Zuverlässig ist ›Blue Lake‹, die reichlich grüne Früchte liefert. Eine Sorte, die ich auf einem Markt in Italien entdeckt habe, ist ›Meraviglia di Venezia‹, eine flache gelbe Sorte, die wie Butter auf der Zunge schmilzt. Es ist wichtig, sie regelmäßig zu beernten. Schauen Sie alle paar Tage bei ihr vorbei. Wie bei einjährigen Blumen wird regelmäßiges Ernten mit einer längeren Erntezeit belohnt, da die Pflanze versucht, Samen zu produzieren. Allerdings wird die Ernte bei grünen Sorten oft zu einer Suchaktion, da die Bohnen sich so gut zwischen Laub und Stängeln verstecken, dass man viele erst bei der nächsten Ernte findet.

Erbsen sind im Frühsommer unverzichtbar und werden am besten im Abstand von drei bis vier Wochen gesät, um die Erntezeit zu verlängern. Frische Erbsen gibt es selten zu kaufen, dabei schmecken sie besonders gut. Für die Erbsen habe ich die Endzweige der Haselnuss als Rankhilfe verwendet. Erbsen brauchen dünne, feine Zweige, an denen sie sich festhalten können, im Gegensatz zu Saubohnen, die am besten an einen kräftigeren, kurzen Bambusstab oder andere dickere Stöcke angebunden werden.

Saubohnen sind robuster und winterhart, so dass man sie früh aussäen kann. Meistens habe ich die ersten schon im Herbst gesät und geschützt im Frühbeet überwintert, damit sie als eines der ersten Gemüse im Garten geerntet werden konnten. Ich finde, dieses vielseitige Gemüse wird viel zu wenig geschätzt. Die frühe Ernte ist wunderbar nach einem langen Winter. Die ersten, ganz jung geernteten Bohnen kann man im Ganzen essen; wenn sie ausgewachsen sind, muss man die dicke Schale entfernen, bevor man sie weiterverarbeiten kann. Am besten schmecken sie kurz blanchiert, geschält und mit Knoblauch in Olivenöl zu einer delikaten, humusartigen Paste gebraten.

Blatt

Ohne Salat kann ich nicht leben. Ich kann auf vieles verzichten, aber ein frischer, knackiger Salat muss sein, sei es ein einfacher Kopfsalat mit etwas Olivenöl und Estragonessig oder ein aufwändiger Salat mit verschiedenen Blättern, Gurken, Tomaten, Roter Bete, Radieschen, Karotten, Fenchel, Sellerie, Schnittlauch, Estragon, Petersilie, Basilikum oder Kerbel. Je nach Saison kombiniere ich Eichblattsalat, Hirschzungensalat, Endivien, Radicchio und Feldsalat mit

Das Winterlager der »Hühnerdrahtzelte«: Besonders die Sämlinge zarter Blattgemüse wie Salat und Spinat waren sehr beliebt bei unseren Hühnern. Als Schutz bekam jede Reihe Sämlinge ein kleines »Zelt« aus gefaltetem Hühnerdraht.

frischen Kräutern, Rucola, Kresse, jungen Rote-Bete- und Spinatblättern oder Erbsensprossen.

Die verschiedenen Salatsorten habe ich alle drei bis vier Wochen in kleinen Mengen ausgesät, damit die Ernte übersichtlich und abwechslungsreich blieb.

Mangold muss auch dabei sein, es ist eines meiner Lieblingsgemüse – lecker, unkompliziert und man kommt mit wenigen Pflanzen über viele Monate gut aus. Für wenige Portionen reicht es, nur die äußeren Blattstiele abzuernten. Da die Blätter im Gegensatz zu den eng verwandten Spinatblättern beim Kochen nicht zu einem kleinen Häufchen zusammenschmelzen und die weißen Blattstiele auch lecker sind, braucht man pro Person nur ein bis zwei Blattstiele. Die Pflanzen sind auch viel robuster und langlebiger und stehen meist noch am Ende des Winters im Garten, so dass sie im Frühjahr noch geerntet werden können, bevor sie zu blühen beginnen.

Spinat, Rucola und auch Feldsalat säe ich erst im Sommer auf freien Flächen, damit ich eine lange Ernte habe, manchmal bis ins neue Jahr hinein.

Wurzel

Es gibt drei Pflanzenfamilien, zu denen viele unserer Wurzelgemüse gehören: die Fuchsschwanzgewächse, Zwiebelgewächse und die Doldenblütler. Rote Bete und Rüben gehören zu den Fuchsschwanzgewächsen. Zu den Doldengewächsen gehören Sellerie (Stauden und Knollen), Karotten, Pastinaken, Petersilie. Zu den Zwiebelgewächsen zählen Zwiebeln, Schalotten, Knoblauch, Porree und Frühlingszwiebeln.

Zwei davon ergänzen sich besonders gut: Der starke Geruch der Zwiebelgewächse schützt die Möhren vor der Möhrenfliege, die sonst ihre Eier in die Wurzeln ablegt, sobald jemand die Möhrenblätter berührt und die kleine Fliege den Geruch riecht. Die Maden hinterlassen ärgerliche kleine dunkle Stellen und graben sich in die Möhre hinein. Deshalb habe ich immer Zwiebelgewächse wie Knoblauch, Schalotten oder Lauch zwischen die Möhrenreihen gesät, um von dem Geruch abzulenken. Meist mit Erfolg.

Kartoffeln sind auch Wurzelgemüse, allerdings braucht man meist so viele, dass sie ein eigenes Beet einnehmen. Zwei köstliche Kartoffelsorten, die wir daher immer anpflanzten, wenn auch nur in kleinen Mengen, waren ›La Ratte‹ und ›Pink Fir Apple‹. Beides sind lange, schmale Sorten, ähnlich dem ›Bamberger Hörnchen‹: ›La Ratte‹ ist gelb, ›Pink Fir Apple‹ hat eine rosa Schale.

Kohl

Zu den Kreuzblütlern gehören nicht nur sämtliche Kohlsorten, sondern auch Rübchen, Radieschen und Rucola. Diese Pflanzengruppe hat einige gemeinsame Feinde, wie zum Beispiel den Flohkäfer, der winzige Löcher in die Blätter frisst, oder die Kohlhernie, die von einem kleinen Parasiten verursacht wird, der die Wurzeln befällt. Die Raupen des Kleinen Kohlweißlings ernähren sich nicht ausschließlich von Kohlblättern, aber es scheint ihre Lieblingsspeise zu sein. Die Raupen und der Kleine Kohlweißling finden die Kohlpflanzen immer – es sei denn, man versteckt sie gut verteilt im Staudenbeet, aber für Krankheiten wie die Kohlhernie ist es wichtig, sie nicht zwei Jahre hintereinander an derselben Stelle zu pflanzen.

Mehrjähriges Gemüse

Außer Topinambur, die nach Artischocken schmeckenden unregelmäßigen Wurzeln der hohen Korbblütler, und einer Reihe Seekohl zum Ernten im Frühjahr, wenn die gebleichten Triebe noch ganz zart sind, hatten wir leider keine anderen mehrjährigen Stauden im Gemüsegarten.

Die Artischocken zum Beispiel mochten das englische Wetter einfach nicht. Das war vergebliche Liebesmüh. Aber dass wir keinen Spargel angebaut haben, haben wir in all den Jahren, die wir dort gelebt haben, bereut. Wir hatten überlegt, ein Spargelbeet anzulegen, die Idee dann aber wieder verworfen, weil uns die Wartezeit von zwei bis drei Jahren bis zur ersten Ernte unglaublich lang erschien, auch vor dem Hintergrund, dass wir nicht wussten, wie lange wir in Coleshill bleiben würden. Hätten wir es gleich zu Beginn gewagt, hätten wir am Ende jedoch mindestens zwölf Jahre lang unseren eigenen Spargel genießen können. Eine einmalige, verpasste Chance.

Pflanzen mit nostalgischem Wert

Im Frühjahr habe ich immer Kerbel und Stielmus ausgesät, als Reminiszenz an meine Kindheit. Beide waren bei uns daheim die ersten frischen Nahrungsmittel der Saison aus dem Garten. Kerbel wird in Belgien zu einer Suppe verarbeitet, die schon immer eine meiner Lieblingssuppen war. Als Basis nimmt man Zwiebeln und Lauch, Gemüse- oder Hühnerbrühe und einen Berg fein gehackten Kerbel, der erst zum Schluss dazukommt. Wer will, kann eine Kartoffel mitkochen, um die Suppe sämiger zu machen. Ein paar Erbsen bringen frische Farbe auf den Teller. Kerbel gehört auch in ein *Omelette aux Fines Herbes*, ein Kräuteromelett (oder Rührei) mit viel fein gehackter Petersilie, Schnittlauch und Estragon, damit es richtig grün wird. Es passt auch wunderbar zu Fisch.

Man könnte den Stielmus zu Rübchen wachsen lassen, aber das ist in Belgien nicht üblich. Er wird geerntet, wenn die Pflanze knapp zehn Zentimeter hoch ist, in großen Mengen fein gehackt und unter das Kartoffelpüree gemischt, damit es grün aussieht und herrlich frisch schmeckt.

Dekoratives Gemüse

Von vielen gängigen Gemüsepflanzen gibt es auch besonders dekorative Sorten. Oft sind es alte, in Vergessenheit geratene Sorten, die es nur in spezialisierten Samenhandlungen zu kaufen gibt. Das können Pflanzen sein, die im Beet besonders gut aussehen, wie der violette Grünkohl, oder solche, die auf dem Teller für Farbe sorgen, wie viele Tomatensorten oder bunte Möhren. Ich freue mich über beides. Vor allem, wenn man wenig Platz hat und die Gemüsepflanzen in die Blumenbeete integriert werden, können sie etwas zur Optik beitragen. Aber auch der Gemüsegarten darf ruhig bunt und dekorativ sein. Palmkohl, Flowersprouts und roter Rosenkohl sind sehr attraktive Blattpflanzen, die eine gute Struktur und Farbe haben. Flowersprouts und Rosenkohl sind etwas weniger farbintensiv, haben aber immer noch einen Hauch von Farbe. Es gibt eine alte Rote-Bete-Sorte, ›Bull's Blood‹, deren Blätter ebenfalls rot sind. Mangold mit gelben, roten oder rosa Stielen ist ebenfalls ein Gemüse, das wie die beiden Kohlsorten den ganzen Sommer über das Beet schmückt und den

Die dekorativste aller Gemüsepflanzen ist meiner Meinung nach der Mangold; seine glänzenden großflächigen Blätter sind immer attraktiv, die bunten Stiele, besonders die roten, haben eine gute Leuchtkraft.

Koch erfreut. Der bunte Mangold blüht jedoch meist früher als die normalen grün-weißen Sorten. Einen schönen Kontrast zu den größeren Blättern des Mangolds bildet das frischgrüne, feine Laub des Fenchels.

Statt eines Rankgerüstes mit Clematis oder Duftwicken kann ein Tipi oder Klettergerüst aus Bambus auch mit Kletterbohnen berankt werden. Die violetten Blüten und Bohnen der ›Blauhilde‹ und die rot-weiß marmorierten Borlotti-Bohnen eignen sich dafür sehr gut. Ebenso die Feuerbohne ›Painted Lady‹ mit ihren hübschen rot-weißen Blüten.

Wenn Gemüse ins Staudenbeet integriert werden soll, ist es besser, ein oder zwei etwas größere Flächen für mehrere Pflanzen freizuhalten, als einzelne Pflanzen zwischen die Stauden zu setzen. Es ist einfacher zu arbeiten, wenn man mehr Platz zum Manövrieren hat, und die Jungpflanzen haben weniger Konkurrenz um Licht, Wasser und Nährstoffe.

Schnittblumen

Mit der Schere in der Hand durch den Garten zu gehen und Blumen für einen Strauß zu schneiden, ist eine der schönsten Belohnungen für Gärtner. Wenn ich irgendwo eingeladen bin, bringe ich gerne Blumen mit. Ein Strauß aus dem eigenen Garten ist so viel wertvoller als einer, für den man vielleicht viel Geld bei einem edlen Floristen ausgegeben hat, dem aber die persönliche Note fehlt. Ich gehe lieber durch den Garten, bin in Gedanken bei der Gastgeberin oder dem Gastgeber und suche Blumen aus, die zu ihm oder ihr passen könnten. Oft empfinde ich das als eine schöne, aber größere Herausforderung. Es gibt Jahreszeiten, da gibt es auf den ersten Blick nicht viel zu schneiden. Nicht einmal für ein kleines »Posy«, einen kleinen, eng gebundenen Strauß, umrandet mit Blättern, um ihm eine Art spanischen Kragen zu geben, wenn zu Beginn der Saison alles noch klein gewachsen ist. Für einen Kragen eignen sich zum Beispiel Frauenmantelblätter sehr gut, aber auch Akeleiblätter oder kleine Funkien. Wichtig ist, dass es ein relativ breites Blatt ist und man nicht zu viel davon braucht.

Ich bin oft durch den Garten gegangen und habe gedacht, da ist noch nichts oder nichts mehr, aber dann habe ich doch eine besonders schöne Blüte gefunden, zum Beispiel eine Rose. Die hat dann den Ton angegeben und alles andere, was ich ausgesucht habe, sollte zu dieser Blume passen. Vielleicht ein paar Gräser, junge Triebe, schöne Knospen, Samenkapseln, Hagebutten oder Früchte, ein paar Wildblumen oder Kräuter. Jedes Mal war ich überrascht, dass doch genug da war, um etwas Schönes daraus zu machen.

Wie für die traditionellen Cottage-Gartenbesitzer war auch für mich das Thema Duft wichtig. Nicht, wie meist früher, um unangenehme Gerüche zu überdecken, sondern weil es einfach schön ist, wenn ein kleiner oder großer Blumenstrauß angenehm duftet. Ob winterblühende Heckenkirsche, Schneeglöckchen, Narzissen, Maiglöckchen, Taglilien oder Rosen: Ich liebe den Duft von all diesen Blüten.

Wenn man einen neuen Garten anlegt, ist jede einzelne Blume ein kostbarer Schatz. Eine Trophäe des Erfolgs, die zeigt, dass diese Pflanze nicht nur lebt, sondern auch da sein will. In neu angelegten Beeten sind diese Trophäen meist noch sehr schlicht und bescheiden. Ich habe mich über die ersten zwei oder drei Rosenblüten und die erste Pfingstrose gefreut. Ich habe sie bewundert, an ihnen gerochen und lange überlegt, ob ich eine der drei Rosen für die Vase abschneiden soll, aber nein, im Garten wird sie noch viel länger blühen und doch einen kleinen Vorgeschmack auf das geben, was in den nächsten Jahren kommen wird. Das erste Jahr im neuen Garten war nicht so schlimm, weil ich die Beete mit verschiedenen Einjährigen bepflanzt hatte, so dass es immer etwas zu schneiden gab. Aber in den beiden folgenden Jahren, nachdem die Beete neu bepflanzt worden waren, musste ich viel Geduld aufbringen und warten, bis meine neuen Stauden etwas größer und blühfreudiger wurden, bevor ich mir erlauben konnte, etwas davon abzuschneiden.

So fanden einjährige Blumen ihren Weg in den Gemüsegarten und waren dort ab dann auch fester Bestandteil – Blumen zum Schneiden, Blumen zum Essen. Über dem Schieferweg haben wir den ganzen Sommer über Bögen aus zweijährigen Trieben unserer Haselnusssträucher gewunden, die mit Duftwicken umrankt waren. Duftwicken sind einfach herrliche, traditionelle Cottage-Gartenpflanzen, die unentbehrlich sind. Je mehr Wickenblüten man abschneidet, desto länger blühen sie, bis sie irgendwann ihr Ziel erreicht haben und genügend Samen für die nächste Generation gesichert sind. Meist bekamen sie einen Platz am Rand der Gemüsebeete, als farbenfroher Rahmen entlang der Hauptwege. Sonst fanden sie ein Plätzchen irgendwo mitten im Beet, an einem Weiden- oder Bambustipi. Ich band sie gerne zu kleinen Sträußchen fürs Badezimmer.

Von Jahr zu Jahr wechselten sich verschiedene Schnittblumen ab. Kosmeen sind als Schnittblumen und Lückenfüller unschlagbar. Monatelang bringen sie ihre schönen Blüten hervor, inzwischen sogar in einer sehr breiten Farbpalette. Damals gab es nur die weiß-rosa Farben, und *Cosmos bipinnatus* ›Rubenza‹ war schon etwas Besonderes, in dunklem Magenta-Rot. Dann kam *Cosmos sulphureus* mit kleineren gelb- oder orangefarbenen Blüten wie ›Tango‹ auf den Markt. Diese kompaktere Pflanze eignet sich ebenso gut und ergiebig als Schnittblume wie die normalen *Cosmos bipinnatus*-Sorten, nur mit kleineren Blüten und etwas kürzeren Blütenstielen. Beide Formen hören erst nach dem ersten Frost auf zu blühen. Mittlerweile gibt es eine breite Farbpalette, die von zartem Cremegelb bis zu Apricot-Rosa reicht. Es gibt auch verschiedene Blütenformen und gefüllte Blüten, aber ich bin da puristisch und mag einfache Blüten. Nicht nur, weil es besser für die Insekten ist, sondern weil ich es gerne natürlich mag.

Beim Kauf von Kosmeen als Jungpflanzen ist es wichtig, auf die Sorte und die Größe zu achten. Heutzutage gibt es fast nur noch gedrungene, kompakte Sorten, die für den Verkäufer leicht zu handhaben sind und vielleicht im Balkonkübel gut aussehen, aber im Beet nicht halb so viel hermachen. Ihnen fehlt die Leichtigkeit der langen, luftigen Blütenstiele, die ich an dieser Pflanze so schätze. Am besten zieht man sie selbst aus Samen.

Dasselbe gilt für Löwenmäulchen. Meist gibt es nur die kompakteren Sorten als vorgezogene Pflanzen, aber zum Schneiden eignen sich die traditionellen langstieligen Sorten viel besser. Die zartrosa blühende *Antirrhinum majus* ›Apple Blossom‹ zum Beispiel wird fast einen Meter hoch, dann kann man schöne lange Stiele für eine etwas größere Vase abschneiden.

Am Rand der Beete gab es auch Kapuzinerkresse und Ringelblumen, beide eher zum Essen. Wobei ich die Ringelblume trotz der kurzen Stiele gerne in kleineren Arrangements verwende. Am liebsten mag ich die einfachen, traditionellen Sorten, sowohl in Gelb als auch in Orange. Die stark gefüllten Sorten, die man immer öfter sieht, gefallen mir nicht so gut und den Bienen auch nicht.

Dahlien sind natürlich auch großartige Schnittblumen, die sich besonders gut für den Bauerngarten eignen. Sie halten vielleicht nicht so lange wie viele andere Blumen, aber sie machen sich gut in bunten Sommersträußen. Ich habe einige von ihnen in die bunten Rabatten gepflanzt, aber ich bevorzuge die ungefüllten, schlichten Sorten – sie lassen sich mit ihren zierlichen Blüten am besten zwischen Stauden integrieren. Sorten aus der Bishop- und Honka-Serie finde ich perfekt, sonst auch die kleineren Pompons. Die Sorten mit größeren Blüten wirken schnell wie Diven, die alle Aufmerksamkeit auf sich ziehen, anstatt sich in ein harmonisches Bild einzufügen. In der roten Ecke, neben dem fast schwarz-roten Laub des Bronzenen Felberichs, sorgte die kleine, fast schwarzbraune Sorte ›Ragged Robin‹ für einen dramatischen Effekt. Solche kleinen, aber feinen Details erfreuen mich immer wieder. Im Sommer hatte ich auch oft Dahlien in Kübeln. Dort fand ich es einfacher, die Schneckenplage unter Kontrolle zu halten. Im Beet kommt es sonst schnell zu einem heimlichen Überfall, bei dem eine Pflanze in einer Nacht zerstört werden kann. Das milde und feuchtere englische Klima, das sonst eher ein Vorteil beim Gärtnern ist, ist in diesem Fall ein größeres Problem.

Für Sträuße sind Doldenblütler wegen ihrer Leichtigkeit immer ein Gewinn. Bekannter sind die weißblühenden Sorten *Ammi majus*, die Große Knorpelmöhre, oder die etwas kräftigere Bischofsmütze *Ammi visnaga*. Mein Favorit unter den weißen Dolden ist *Orlaya grandiflora*, die Strahlen-Breitsame oder Große Strahldolde. Sie wird nicht so massiv wie die beiden Ammi-Arten und nur sechzig Zentimeter hoch. Die Strahlen-Breitsame hat besonders dekorative, strahlend weiße Blüten, die ich gerne als Füller in kleinen Sträußen verwende. Irgendwo entdeckte ich die bezaubernde Blaudolde *Didiscus caerulea*. Diese zierliche, zartblaue Blüte eignet sich auch gut als Schnittblume und ist mit ihrem frischen Porzellanblau ein besonders attraktiver Farbtupfer in jedem Strauß.

Der Garten-Rittersporn ist kein echter Rittersporn, aber eine sehr dankbare, unkomplizierte einjährige Blume, die sich gut zum Schneiden und auch zum Trocknen eignet. Die Blütenblätter (dunkelviolettblau, weiß oder rosa) behalten ihre Farbe recht gut.

Eine etwas ungewöhnliche Blume aus meiner Kindheit, die mein Vater immer im Garten hatte, ist die Muschelblume. Sie ist insofern etwas Besonderes, als die eigentliche Blüte eher klein und unscheinbar weiß, aber von einem trichterförmigen, hellgrünen Kragen umgeben ist, der lange schön bleibt. Die Blüte lässt sich gut trocknen und behält dabei ihre frische grüne Farbe.

Es gibt mehrere Gründe, warum man unbedingt einjährige Blumen für den Schnitt anpflanzen sollte: Im Gegensatz zu Stauden blühen die meisten von ihnen viele Monate lang, so dass man von einer einzigen Pflanze viele Blumensträuße ernten kann. Es ist sogar von Vorteil, sie regelmäßig zu beernten, denn je öfter man sie schneidet, desto länger blühen sie, da sie ja Samen produzieren wollen. Sie müssen – sofern Sie ein separates Schnittblumenbeet anlegen – nicht ständig die Rabatten plündern und können zudem jedes Jahr variieren. Versuchen Sie, wenn möglich, ein Thema festzulegen, indem Sie Sorten wählen, die in Farbe und Form zueinander passen. Ein einfacher, bunter Dahlienstrauß oder ein kleines Väschen nur mit Duftwicken in verschiedenen Farben kann sehr schön sein, aber auch kleinere Arrangements.

Essbare Blüten

Manche Stauden und Einjährige pflanze ich vor allem wegen ihrer essbaren Blüten. Sie brauchen unbedingt etwas mehr Platz, damit man über einen längeren Zeitraum genügend Blüten hat. Einige verwende ich hauptsächlich als bunte, essbare Dekoration für Salate oder eventuell auch Desserts, andere zum Verarbeiten. Man sollte dabei im Kopf behalten, dass manche Blüten eher für Desserts, andere eher für herzhafte Gerichte geeignet sind, und wieder andere sind geschmacksneutral, die kann man für alles verwenden.

Die schönen blauen Borretschblüten beispielsweise sind nicht nur als Dekoration auf Salaten schön: Ich friere einzelne Blüten in Eiswürfeln ein, um sommerliche Getränke zu verfeinern. Den Holunderblütensirup, den ich jeden Frühsommer angesetzt habe, habe ich teils in Flaschen abgefüllt, teils aber auch als einzelne Eiswürfel mit je einer Borretschblüte darin eingefroren. So konnte man schnell mit ein oder zwei Würfeln ein Kaltgetränk zubereiten. Für Holunderblütensirup pflücke ich an einem trockenen Morgen etwa zwanzig Blüten. Sie kommen in einen großen Kochtopf mit einen Kilogramm Zucker, je drei unbehandelte Zitronen und Orangen, in Scheiben geschnitten, und einem Sachet Zitronensäure. Das Ganze übergieße ich mit eineinhalb Litern kochendem Wasser und rühre, bis der Zucker sich aufgelöst hat. Nach vierundzwanzig Stunden wird die Flüssigkeit gesiebt und in sterile Flaschen gefüllt. Kalt aufbewahren oder in kleinere Portionen einfrieren.

Diese *Calendula officinalis* ›Neon‹ mochten wir gerne wegen ihrer leuchtenden, einfachen Blüten – gut für Insekten, schön in kleinen Sträußchen und als Deko für den Salat.

Auch viele Kräuterblüten fanden ihren Weg in die Küche. Die Blütenblätter von Ringelblume oder Calendula bringen eine schöne warme Farbe auf den Teller. Thymian, Koriander und Schnittlauch sind gut in Salaten, aber auch in warmen Gerichten. Lavendelblüten finde ich zu stark parfümiert, um sie direkt zu verwenden, deshalb habe ich sie an sonnigen, warmen und trockenen Tagen gepflückt, abgezupft und in Schichten in feinen Kristallzucker eingelegt, um Süßspeisen damit zu verfeinern. Ähnlich kann Zucker auch mit Holunderblüten versetzt werden.

Kapuzinerkresse ist ein Muss und wird oft am Rand von Gemüsebeeten gepflanzt. Sie ist nicht nur ein toller Bodendecker, der Unkraut verdrängt, ich mag auch den pfeffrigen Geschmack dieser Pflanze. Die cremefarbene Sorte ›Milkmaid‹ ist immer schön, aber auch die dunkelroten Blüten von ›Empress of India‹ oder die fast braunrote ›Mahogany Gleam‹ sind wunderbar. Kombiniert mit dem Orange der Calendula und vielleicht ein paar Taglilien schmecken sie köstlich und sehen auf einem grünen Salat gut aus. Es ist nur wichtig, sie erst kurz vor dem Servieren über den Salat zu streuen.

Taglilien haben eine gute, leicht knackige Konsistenz mit einem Hauch von Zwiebelgeschmack. Es gibt sehr viele Sorten in einer breiten Farbpalette, von Cremeweiß über alle Gelb-, Orange- und Rottöne bis hin zu dunklen Rotbrauntönen. Es gibt auch rosa Töne. Die Blüten halten nur einen Tag, so dass man ohne schlechtes Gewissen alle abpflücken kann, denn am nächsten Morgen gibt es schon wieder neue.

Kräuterbeet

Wie schon in unserem ersten Garten, in dem ich gleich als Erstes Kräuter gepflanzt habe, hatten sie auch hier eine hohe Priorität und gehörten zu den ersten Pflanzen, die wir kauften und vermehrten. Das Kochen mit frischen Kräutern ist unschlagbar. Einige Kräuter lassen sich gut trocknen, vor allem die etwas holzigen mediterranen Kräuter wie Rosmarin, Thymian, Salbei und Oregano. Aber die zarten Kräuter wie Französischer Estragon, Schnittlauch und die einjährigen wie Petersilie, Kerbel und Koriander sind getrocknet ziemlich fade und geschmacklos. Man kann sie höchstens einfrieren, um sie im Winter zu verwenden, oder in Öl oder Essig einlegen. Von meiner Mutter habe ich gelernt, im Sommer, wenn der Estragon richtig üppig gewachsen ist, ganze Zweige in guten Weinessig einzulegen. Ich gebe sie einfach in die Essigflasche und erhalte einen fein parfümierten Essig, der sich hervorragend für Salatdressings, Mayonnaise oder Béarnaise eignet.

Eines der fünf Beete im Gemüsegarten wurde als Kräuterbeet bepflanzt. Es war das Beet, das am nächsten zur Küche lag, zwischen dem Rasen- und dem Schieferweg, gleich hinter der Hecke der Farbrabatten. Die meisten Kräuter waren mehrjährig und mussten nicht ständig neu gepflanzt werden. Nur an den Rändern gab es Lücken, wo ein paar einjährige Pflanzen Platz hatten.

Ich habe Lieblingskräuter, mit denen ich gerne und oft koche, manche benötige ich in größeren Mengen, von anderen brauche ich nur wenig und verwende sie selten. Dementsprechend pflanzte ich von manchen Kräutern nur ein Exemplar, von anderen wie Schnittlauch und Thymian gleich mehrere. Petersilie, Koriander, Dill und Kerbel habe ich als ganze Reihen in die Gemüsebeete gesät.

Einjährige Kräuter

Nicht alle einjährigen Kräuter sind gleichermaßen langlebig. Petersilie, ob flach oder gekräuselt, überlebt den Winter und blüht erst im Frühjahr zur Spargelzeit. Koriander und Kerbel sind dagegen relativ kurzlebige Pflanzen, die, sobald sie Stress empfinden, schnell blühen und Samen bilden. Auch Basilikum wird relativ schnell blühen, wenn er nicht glücklich ist. Deshalb empfehle ich, diese Kräuter öfter auszusäen. Vor allem Kerbel ist eine Pflanze, die die kühlere Jahreszeit bevorzugt, er ist also ideal für Frühling und Herbst, fängt aber im Sommer sofort an zu blühen. Ich säe ihn im Spätsommer für die Herbsternte und geschützt im Herbst für das Frühjahr. Wenn man diese Kräuter im Topf zieht, braucht man einen größeren Topf, in dem sie tief wurzeln können. Ist der Topf zu klein, bekommt die Pflanze schnell das Gefühl, dass sie am Ende ist, und fängt sofort an zu blühen.

Die Frage ist: Kaufen oder selbst ziehen? Alle Pflanzen, von denen ich etwas mehr brauche, kaufe ich mir lieber in einer Samentüte und ziehe sie selbst. So habe ich so viel, wie ich wirklich brauche, unabhängig vom Budget, und ich kann sie mehrmals im Abstand von drei bis vier Wochen aussäen, um eine längere Erntezeit zu genießen.

Mehrjährige Kräuter

Unter den mehrjährigen Kräutern gibt es einige, von denen ich mehr als eine Pflanze brauche, weil sie nicht so ergiebig sind oder weil sie viel verwendet werden. Auch wenn ich vielleicht ein halbes Dutzend Pflanzen benötige, wie beispielsweise bei Schnittlauch oder Thymian, kaufe ich die Pflanzen lieber, um schneller ernten zu können. Die meisten mehrjährigen Kräuter kann man

Zu Beginn der Saison wurden die vertrockneten Kräuter zurückgeschnitten, um für die einjährigen Gewürzpflanzen Platz zu schaffen.

natürlich auch aus Samen ziehen, aber es dauert mehrere Jahre, bis ein Rosmarin, Salbei oder Thymian seine volle Pracht erreicht hat und groß genug ist, dass man ohne schlechtes Gewissen etwas abschneiden kann.

Manche Stauden sind sehr unkompliziert und langlebig. Andere sind schwieriger zu pflegen und müssen, je nach Bodenbeschaffenheit, alle zwei bis drei Jahre ausgegraben, geteilt und mit etwas Kompost unter den Füßen wieder eingepflanzt werden. Der französische Estragon ist so eine anspruchsvolle Pflanze. Estragon ist eines meiner Lieblingsgewürze, aber leider nicht sehr langlebig, es sei denn, man pflanzt ihn in Kies. Das scheint der Pflanze zu gefallen. Lassen

Sie sich nicht von dem weniger anspruchsvollen, viel kräftigeren russischen Estragon verführen, der wie Unkraut wuchert und nach nichts schmeckt.

Vom Schnittlauch braucht man mehrere Pflanzen. Nach der schönen Blüte wird er schnell müde und sieht nicht mehr so schön aus. Deshalb schneide ich gerne eine Pflanze komplett zurück, während man von den anderen weiter ernten kann. Je nach Bedarf empfehle ich mindestens drei, eher fünf bis sechs Pflanzen.

Beim Maggikraut ist das wiederum anders, da reicht eine Pflanze. Die Staude wird sehr groß und hat einen intensiven Geschmack, so dass man relativ wenig davon verbraucht.

Da im benachbarten Staudenbeet bereits mehrere Fenchelpflanzen standen, war Fenchel die einzige Gewürzpflanze, die nicht im Kräuterbeet landete. Der Platz war einfach zu knapp. Wenn ich Fisch auf dem Grill zubereite, lege ich zuerst die dickeren Fenchelstängel auf den Rost und dann den Fisch darauf. So klebt die Haut nicht am Rost und das Fleisch kann das Aroma des Krauts aufnehmen. Ein Büschel Fenchellaub lege ich mit Zitronenscheiben in die Bauchhöhle.

Ein Verwandter des Fenchels ist die Süßdolde, *Myrrhis odorata*. Eine sehr attraktive Blühpflanze mit feinhaarigen, kerbelähnlichen Blättern und weißen Schirmblüten, die auch im Schatten gedeiht. Alle Pflanzenteile sind essbar und haben einen süßlichen Anisgeschmack. Die fein gehackten Blätter, Blüten und Samen (sowohl reif als auch unreif) können roh oder gekocht verwendet werden und verleihen Gerichten nicht nur das delikate Anisaroma, sondern auch eine leichte Süße. Ich habe sie immer in meinen Rhabarbergerichten verarbeitet, um weniger Zucker zu benötigen.

Eine der Zutaten der berühmten Frankfurter Grünen Soße ist die Pimpinelle, eine bezaubernde Pflanze. Ich mag die hübschen kleinen roten Blüten im Frühsommer und die attraktiven Blätter. Sie gehört zu den vielen Kräutern, die sich im Staudenbeet genauso gut machen wie im Gemüsegarten.

Aus demselben Grund bekommt auch der Sauerampfer einen Platz bei mir im Kräuterbeet. Das knackige Grün ist im Frühling immer einladend schön, sowohl für die Geschmacksnerven als auch für das Auge.

Minze habe ich aus dem Kräutergarten verbannt: Sie ist mir zu übergriffig. Sämtliche Sorten kann man nur mit Wurzelsperre pflanzen oder im Topf halten. Als Wurzelsperre reicht es, einen größeren Topf oder Eimer ohne Boden einzugraben und den Rand etwa drei Zentimeter über dem umgebenden Boden stehen zu lassen, damit die Wurzeln nicht weiterwachsen können. In der Nähe des Schuppens befand sich ein einfaches ehemaliges Brunnenbecken. Diese Ziegelsteinkonstruktion war perfekt, um die Minze unter Kontrolle zu halten. Anfangs wuchsen dort vier verschiedene Minzen, bunt durcheinander. Zunächst ging es gut, aber mit der Zeit merkte man, welche Sorten die schwächeren waren: Die Apfelminze ist als erste verschwunden, am Ende hat sich die stärkste durchgesetzt und es war dann nur noch diese eine Sorte übrig.

Zitronenmelisse hat bei mir Hausverbot. Ich finde, die Pflanze kann so nervig wuchern, dass es sich nicht lohnt. Ein ähnliches, aber besseres Aroma liefert ohnehin die Zitronenverbene. Dieser kleine Strauch ist nicht winterhart, ich habe ihm im Winter gerne Schutz gegeben, seine Blätter ergeben einen köstlichen Tee. Unser Büro, eine ehemalige Scheune im Dorf, war frostfrei und sehr hell und wurde nur tagsüber geheizt, wenn jemand da war, so dass es ein guter Ort war, um die nicht winterharten Pflanzen – wie Pelargonien und besondere Salbeisträucher – hier zu überwintern.

Viele Kräuter sind eigentlich kleine Sträucher, die wie alle Gehölze von Jahr zu Jahr größer werden. Ich schneide sie aber meistens etwas zurück, nicht nur, um sie schön kompakt zu halten, sondern auch um möglichst viele neue Triebe zu bekommen. Besonders Lavendel, aber auch Salbei und Thymian bleiben schön dicht mit neuen, kräftigen Trieben, wenn sie jedes Jahr zurückgeschnitten werden. Am besten erledigt man das gleich nach der Blüte, eventuell auch zeitversetzt, so dass nicht alle Thymiane auf einmal geschnitten werden, sondern einer nach dem anderen über mehrere Wochen. Was abgeschnitten wird, kann natürlich auch gezupft und getrocknet werden.

All diese Kräuter brauchen einen sonnigen Standort und hassen nasse Füße. Besonders im Winter haben sie eher Schwierigkeiten mit zu viel Nässe als mit zu viel Kälte. Der Rosmarin an der Königlichen Gartenakademie in Berlin hat sich als winterhart erwiesen, dank des Schutzes einer Fichte über seinem Kopf. Der sehr trockene, geschützte Standort mit genügend Sonne von der Seite hat ihm so gut gefallen, dass er viele Jahre ohne Frostschäden überstanden hat. Aber es geht bei Pflanzen wie Salbei und Thymian nicht nur darum, dass sie nicht eingehen, sondern sie brauchen Sonne und magere, trockene Bedingungen, um gut durch den Winter zu kommen, vital zu wachsen und einen viel intensiveren Geschmack zu entwickeln.

Immer wieder kommt es zu Verwechslungen zwischen Oregano und Majoran. Beide sind nahe verwandt, gehören zur selben Gattung und werden häufig in der mediterranen Küche verwendet: Majoran (*Origanum majorana*) und Oregano oder Dost (*Origanum vulgare*). Beide sind mehrjährig, Oregano hat attraktive rosa Blüten, während Majoran meist in der Sorte ›Hot and Spicy‹ angeboten wird, die tatsächlich einen scharfen Geschmack hat.

Es gibt zwei Arten von Bohnenkraut: das einjährige Sommer-Bohnenkraut (*Satureja hortensis*), das zum Kochen von Bohnen verwendet wird und jedes Jahr neu gesät werden muss, und den mehrjährigen Halbstrauch *Satureja montana*, das Winter- oder Berg-Bohnenkraut, das einen herberen Geschmack hat als das einjährige Kraut, aber auch dekorativer ist. All diese Kräuter ziehen viele Insekten an.

Von einigen Kräutern kann man auch die Blüten verzehren, aber nicht von allen. Die Samen der Petersilie zum Beispiel enthalten eine höhere Konzentration von Apiol und Myristicin, die in größeren Mengen giftig sind. Sobald Petersilie zu blühen beginnt, sollte die komplette Pflanze nicht mehr verzehrt werden.

Die Blüten von beispielsweise Borretsch, Giersch, Dill, Koriander und Oregano finden wegen ihres Geschmacks und ihrer Attraktivität oft den Weg in meine Küche!

Obst

Wir hatten großes Glück, dass Drew uns einen gut bestückten Obstgarten hinterlassen hatte. Drew hatte seine Gärtnerlehre auf Waddesdon Manor, dem Landsitz der Familie Rothschild in Buckinghamshire, absolviert. Seine Ausbildung fand in den goldenen Zeiten im frühen 20. Jahrhundert statt, als sich solche Herrenhäuser noch eine kleine oder in diesem Fall eine große Armee von Gärtnern leisten konnten. Zu seiner Zeit waren dort allein für die Gewächshäuser fünfundzwanzig Gärtner zuständig. In den 1950er-Jahren war er Chef-

Der Blick über die noch sehr junge Eibenhecke zeigt im Vordergrund die Schwarzen Johannisbeeren, dahinter, am Wegesrand, die Reihe Erdbeeren. Johannisbeere und Erdbeeren waren mit Stroh gemulcht. Hierdurch blieben die Erdbeerfrüchte schön sauber und es wuchs kein Unkraut am Fuß der Oststräucher.

gärtner im Garten von Coleshill House, bis das Haus durch ein Feuer zerstört wurde. Danach pachtete er den alten Küchengarten des Gutshauses und baute dort bis zu seinem Ruhestand gewerblich Gemüse an. Er wusste also, wie man gärtnert, und hatte vor allem ein Händchen für Obst und Gemüse.

Schon in der ersten Saison merkten wir, mit welcher Akribie er Obstsorten ausgewählt hatte, die nicht nur schmackhaft, ertragreich und gesund waren, sondern auch bezüglich ihrer Erntezeit so geplant, dass es das fast ganze Jahr über frisches Obst gab. Ab März konnten wir den ersten Rhabarber ernten, gefolgt von Erdbeeren, bald darauf Stachelbeeren und Himbeeren sowie Johannisbeeren (schwarz, rot und weiß). Im August wurde die erste Apfelsorte reif und im September folgten die Herbsthimbeeren. Dann kam die zweite Apfelsorte und schließlich, ab November, konnten wir die dritte Sorte ernten. Die frühe Sorte musste sofort gegessen werden, aber ein größerer Teil der beiden anderen Sorten wurde eingelagert und konnte bis Ende Februar gegessen werden – bis es mit dem Rhabarber wieder von vorne losging.

Leider kannten wir nicht die Namen von allen Sorten, aber einige, die mir besonders gut gefielen, waren der Rhabarber ›Timperley Early‹, eine besonders frühe Sorte mit roten Stielen, die Herbsthimbeere ›Zeva Herbsternte‹, die ab dem Spätsommer viele Wochen lang ihre köstlichen Früchte bietet, der Apfel ›Edward VII‹, der erst spät geerntet werden konnte und sich gut lagern ließ. Zur Erntezeit war »Edward« ein ausgezeichneter Kochapfel für Kompott oder Kuchen. Während der Lagerzeit wurde er süßer, so dass man ihn im Winter auch als Dessertapfel essen konnte.

Unsere Erdbeere ›Ostara‹, eine gesunde, kräftige und ertragreiche Sorte, die auch häufiger im Erwerbsanbau verwendet wird, hat sich ebenfalls gut bewährt. Deshalb habe ich Ableger als Beeteinfassung am Fuß der Obststräucher verwendet.

Zusätzlich gab es noch Wildobst im Garten. Die kleinen Walderdbeeren, die ich aus dem belgischen Garten mitgebracht hatte, waren nur eine Kleinigkeit zum Naschen. Wichtiger waren die Kornelkirschen. Die hatte ich aus Kernen gezogen, die ich aus dem Garten von Marianne Foerster – ehemals der Garten ihres berühmten Vaters Karl Foerster in Potsdam-Bornim, dessen Erbe sie bewahrte – mitgebracht hatte. Marianne war berühmt für ihr köstliches Kornelkirschengelee. Ich wohnte im August 1992 bei ihr, als ich für meine Doktorarbeit im Karl-Foerster-Archiv arbeitete, das damals noch im Wohnhaus der Familie untergebracht war. Es war die Erntezeit des *Cornus mas*, und ich konnte ihr beim Früchtesammeln und Einkochen helfen. Ein bestimmter Baum war besonders gut, von ihm nahm ich eine Handvoll Kerne mit nach Hause. Von diesem Baum gibt es sicher noch einige Sämlinge in den Gärten in Brüssel (dem Garten meiner Familie) und Coleshill.

Eine Gruppe von großen Holundersträuchern bildete am Ende des Gartens die Grenze zum Nachbarn. In der anderen Ecke, neben dem Kompost, stand auch einer. Aus den morgens gepflückten Blüten habe ich Elderflower Cordial gemacht, einen köstlichen Sirup aus den frischen Blütendolden. Nachbarn machten jedes Jahr sogar Elderflower Champagne, ein beliebtes Sommergetränk, gegerbt in Flaschen. Aber nach meiner schlechten Erfahrung mit dem Holunderbeersaft, den ich anfangs im Herbst für die kalten Wintermonate gemacht hatte, wurde ich vorsichtig mit solchen Experimenten, weil uns mal eine Flasche explodiert ist.

In den ersten Jahren war der Ertrag bei sämtlichen Obstsorten riesig. Wir haben geerntet, leckere Desserts gemacht, Marmelade gekocht, eingefroren. Nach zwei, drei Jahren ging die Ernte rapide zurück. Jedes Jahr gab es weniger Früchte. Am Anfang war ich eigentlich ganz froh, denn es war einfach mehr zu ernten gewesen, als wir verarbeiten konnten. Fast jeder von unseren Freunden und Nachbarn hatte eigenes Obst im Garten, sodass ein Korb Äpfel kein schönes Geschenk war, und im Herbst wetteiferten alle darum, wer eine originelle Nachspeise auf Basis von Äpfeln servieren konnte, die kein Appel Crumble oder Apple Pie war.

Hühner

Nach einigen Jahren in Coleshill fragte Gabriella mich eines Tages: »Wie wäre es mit Hühnern?« An sich eine gute Idee, fand ich – aber wo sollten sie leben? Sie hatte jedoch sogar bereits einen mobilen Hühnerstall ausgesucht: ein zeltförmiges Holzgestell, unten mit Hühnerdraht eingefasst, oben ein Schlafplatz für sechs Hühner. Der Zugang zum Schlaf-/Eiablagebereich erfolgte über eine Zugbrücke, die man mit einer Schnur hochziehen konnte, damit die Hühner nachts sicher waren.

Es gab nur ein kleines Problem: Wir hatten nirgendwo Platz für diesen Stall. Er sollte auf einer Rasenfläche stehen, damit er immer wieder umgestellt werden konnte, obwohl die Hühner normalerweise tagsüber frei im Garten herumlaufen konnten. Doch auch für dieses Problem hatte sie schon eine Lösung gefunden: Sie hatte unseren netten Nachbarn gefragt, ob wir den Hühnerstall nicht in den hinteren Teil seines Gartens stellen könnten, bis wir ein Stück des Gartens für eine Rasenfläche geopfert hätten. Der Nachbar hat den hinteren, wilden Teil seines Gartens nie genutzt, nur ab und zu gemäht. Der Bereich war auch nicht von unserem Garten abgetrennt, die Hecke endete am Gemüsegarten und es gab auch keinen Zaun, nur eine Reihe Katzenminze. Eigentlich hatten wir schon angefangen, in der Verlängerung des Gemüsegartens neue Blumenbeete anzulegen, aber diese wurden daraufhin schnell wieder entfernt, um Rasen auszusäen.

Auf die nächste Frage, wo die Hühner denn herkommen sollten, hatte Gabriella natürlich auch schon eine Antwort: »Es gibt Leute im Dorf, die haben Hühner, die können uns welche besorgen.«

Nachdem ich bei einer Kundin gesehen hatte, dass die Stauden oben auf der Erde saßen, weil ihre Hühner die Wurzeln komplett freigekratzt hatten, war ich nicht besonders begeistert, dass meine Stauden bald so aussehen könnten. Ihre Hühner waren Rhode Island Reds, dicke, rotbraune Vögel, die sehr zuverlässig 365 Eier pro Henne und Jahr legen und besonders fleißig im Scharren sind. Aber auch das hatte Gabriella bereits bedacht: Es sollten keine gewöhnlichen Hühner sein, sondern Brahma Bantams. Das sind Hühner mit Federn an den Füßen, die aussehen, als würden sie Hausschuhe tragen. Da sie sich ihre Puschen nicht gerne schmutzig machen, scharren sie nur ein wenig herum, anstatt wie die anderen Hühner richtig zu buddeln.

So hielt kurze Zeit später Henry, der Hahn, begleitet von zwei Damen, Einzug in unseren Garten: Matilda war weiß, Brunhilde hatte die Farbe von Café au Lait. Es dauerte nicht lange, bis ich meine Skepsis verlor und von der Idee überzeugt war. Die Eierproduktion allerdings blieb mäßig: Ein Ei am Tag war erfreulich, zwei Eier waren fast schon ein Grund zum Feiern. Der Spaßfaktor war jedoch enorm. Morgens stürzten sich die Damen aus dem Nest, gefolgt von Henry, der keine Ruhe gab, bis er sie eingeholt hatte. Danach ging es friedlich weiter und sie zogen durch den Garten. Sobald sie hörten, dass unsere Tür geöffnet wurde, kamen sie angerannt, in der Hoffnung, dass es vielleicht etwas zu fressen gab. Auch bei der Gartenarbeit blieben sie gerne in der Nähe, denn sie hatten schnell gelernt, dass dabei ab und zu ein dicker Wurm oder ein anderes kleines Krabbeltier für sie abfiel. Das gemütliche Glucksen der Tiere vermisse ich noch heute.

Der Blick zurück über den Garten vom Komposthaufen aus: Im Vordergrund links der Präriegarten im Frühling mit Narcissus ›Tête à Tête‹, die Apfelbäume an der Grenze zwischen Nutz- und Präriegarten mit Hühnerstall und die noch junge Eibenhecke am Rand des Gemüsegartens.

Meine Begeisterung wuchs schnell, als ich sah, was für gute Mitarbeiter die drei Vögel waren. Einjährige »Unkräuter« wie der kleine Ehrenpreis, die im Frühjahr, wenn noch viel freie Fläche in den Beeten zu sehen ist, den Boden erobern, wuchsen in den Jahren, in denen wir die Hühner hatten, bei uns nicht. Dank des fleißigen Pickens und sanften Scharrens hatten sie wohl keine Chance.

In all den Jahren, in denen wir Hühner hatten, gab es zudem deutlich weniger Ungeziefer im Garten. Es gibt verschiedene kleine Blattwespen, die raupenähnliche Larven hervorbringen, die die Blätter bestimmter Arten völlig abfressen können. Unsere Stachelbeere und das Salomonssiegel waren jedes Jahr besonders betroffen – bis die Hühner kamen. Auch unsere Äpfel waren gesünder und hatten kaum Probleme mit Schädlingen. Die Kombination aus Leimringen, die um den Stamm gebunden wurden, und Pheromonfallen gegen Motten waren dabei eine große Hilfe – vor allem aber die Hühner.

Leider kam der Tag, an dem wir die Entscheidung treffen mussten, uns von den Hühnern zu trennen. Wir waren beide zu viel unterwegs und konnten von den Nachbarn nicht verlangen, dass sie sich immer um sie kümmerten. Dafür dann auch noch kaum Eier zu bekommen, war ein mieser Lohn. So gingen die Brahmans in Rente zu einer anderen Nachbarin, wo sie noch viele Jahre ein schönes Leben führten und wir sie immer besuchen konnten.

Hasel

Am Übergang zwischen den Farbrabatten und dem Gemüsegarten haben wir links und rechts zwei kleine Haselnussbäumchen gepflanzt. Sie waren noch winzig, aber wir wussten, dass sie eines Tages groß und schön sein würden und wir dann das wertvolle Holz nutzen könnten. Es ging erstaunlich schnell, bis wir die ersten kleinen Äste als Rankhilfen für einige Stauden und ein oder zwei Jahre später schon dickere Äste als Kletterhilfen für Erbsen und Kaiserschoten schneiden konnten.

Diese beiden schönen Gehölze markierten einen wichtigen Übergang im Garten, vom farbenfrohen Ziergarten zum produktiven Nutzgarten. Sie standen am Ende der Baulinie, von wo aus man über die Hecken hinweg ins Grüne schauen konnte.

Ich liebe diese Büsche. Sie sind sehr präsent in der umgebenden Landschaft, entlang von Wegen und in alten Hecken. Ich liebe die männlichen Blüten, die schon im zeitigen Frühjahr in zartgelben, sehr lockeren, schlanken Quasten herabhängen. Sie sind sehr beweglich und tanzen bei jedem Windhauch spielerisch in den feinen Zweigen, während gelbe Pollenwolken durch die Luft fliegen. Die weiblichen Blüten fallen erst bei genauerem Hinsehen auf: Sie sind winzig klein, dunkelrot, kleben eng am Stängel und sehen aus wie kleine Miniatur-Seeanemonen.

Die Gärtnerei

Pflanzen zu ziehen und zu vermehren ist das Schönste am Gärtnern. Schon als kleines Kind habe ich es geliebt, an der Seite meines Vaters Einjährige und Gemüsepflanzen vorzuziehen. Das alljährliche Ritual des Säens, Pikierens, Umtopfens und Auspflanzens ist einfach wunderbar – das ungeduldige Warten auf die ersten Keimblätter, die große Freude, wenn die ersten Lebenszeichen kommen, darauf zu achten, dass die Erde nicht austrocknet, die Blätter aber auch nicht verfaulen. Im Laufe der Saison Samen sammeln, trocknen, putzen und dann, wie ein Eichhörnchen, vorsichtig für das nächste Jahr aufbewahren. Stecklinge sammeln, vorbereiten, in die Erde stecken. Die ersten kleinen Wurzeln am Boden des Topfes beobachten und warten, bis sie kräftig genug sind, um sie umzutopfen. Eine Staude ausgraben und teilen, entweder schütteln, damit sich die Wurzeln so weit lockern, dass man sie mit den Händen teilen oder mit einem Spaten oder Messer durchschneiden kann, oder zwei Grabegabeln Rücken an Rücken in den Wurzelballen schieben und diese dann als Hebel benutzen, um den Wurzelballen auseinanderzureißen. Egal, welche Methode man anwendet – am Ende kommen kleine Jungpflanzen heraus.

In unseren ersten Jahren in Coleshill schrieb ich an meiner Doktorarbeit. Ich hatte ein paar Projekte nebenbei, ein paar Artikel und Vorträge, aber es blieb noch Zeit und Energie, mehr als nur für unseren eigenen Gebrauch Pflanzen aufzuziehen und zu vermehren. Neben dem Gemüsegarten, dort, wo später die Rasenfläche für die Hühner entstand, hatten wir eine Ecke freigeräumt, planiert und mit einer wasserdurchlässigen Folie ausgelegt, auf der ich meine Jungpflanzen setzen konnte. Ich begann mit Pflanzen, die wir ohnehin in etwas größeren Mengen für unseren eigenen Garten brauchten.

Ich sammelte und kaufte Saatgut, nahm Stecklinge und teilte Pflanzen. Ich habe alles ausprobiert, was ich finden konnte. Ehe ich mich versah, war eine kleine Gärtnerei entstanden, die weit mehr produzierte, als wir selbst brauchten. Wenn oben im Dorf der Garten um das alte Herrenhaus seine Pforten für die Öffentlichkeit öffnete, hatte ich dort einen Stand und verkaufte meine Pflanzen. Es gab auch »Pflanzentage«, die von der Hardy Plant Society, also der Gesellschaft für Stauden, organisiert wurden. An solchen Tagen füllten wir das Auto mit Kisten voller besonderer Schätze. Am Ende des Wochenendes wurden die übriggebliebenen Pflanzen eingepackt, nach Hause gebracht und wieder sortiert.

Irgendwann ging es nicht mehr, ich hatte nicht mehr genug Zeit, mich um die Pflanzen zu kümmern und sie durch die Gegend zu schleppen, während sich im Büro die Arbeit stapelte. Die Büroarbeit gewann, Coleshill Nursery verlor.

Neues Staudenbeet mit Halbsträuchern

Nachdem ich Mitte der 1990er-Jahre die Gärtnerei aufgab, war wieder Platz für etwas Neues. Entlang der Hühnerwiese, auf dem Weg zum Präriegarten, entstand ein neues Beet. Es sollte etwas zurückhaltender und heller sein, mit eher mediterranem Charakter. Viele der mediterranen Pflanzen sind Halbsträucher – Pflanzen, die eine verholzende Basis haben, aber nicht so groß werden. Besonders im englischen Klima, wo es mehr regnet als in ihrer Heimat, neigen sie oft dazu, schneller zu wachsen als in trockeneren Regionen. Wo die Pflanze normalerweise langsam ein robustes Holzgerüst mit nur kurzen neuen Trieben bildet, die sich von Jahr zu Jahr weiterentwickeln, bildet sie dank feuchter, fruchtbarer Böden längere neue Triebe, die dann nicht so stabil sind. Lavendel ist ein typisches Beispiel für solche Pflanzen, die, wenn man sie nicht regelmäßig schneidet und damit zwingt, dicht verzweigt und buschig zu bleiben, innerhalb weniger Jahre vorzeitig auseinanderbrechen. Aber genau deshalb haben diese Pflanzen eine gute Zukunft, da sie ideal für sonnige, trockene Standorte sind, und mit wenig Wasser gut zurechtkommen.

Im mediterranen Beet dominierte das Graue Heiligenkraut im Vordergrund. Links daneben die zartgelbe Helle Färbekamille ›Sauce Hollandaise‹. Die hohe weiße Schafgarben-Margerite im Hintergrund stand bis zum Ende des Winters.

Trockenheitsliebende Halbsträucher

Neben dem Lavendel gab es noch zwei weitere wichtige Pflanzen in diesem Beet: das Heiligenkraut und die Helle Färberkamille.

Das Graue Heiligenkraut *Santolina chamaecyparissus* hat silbergraue, fein gezähnte Blätter und blüht im Sommer mit gelben, knopfartigen Blüten. Sein Laub duftet stark, wie bei vielen dieser Pflanzen, es wird etwa einen halben Meter hoch und lässt sich gut in Form schneiden. Auch alte Exemplare, die völlig verholzt und auseinandergebrochen sind, können radikal zurückgeschnitten werden, sie treiben dann sofort wieder problemlos mit vielen neuen Trieben aus.

Bei der hellen Färberkamille war es der Sortenname, der mich auf den Geschmack gebracht hat: *Anthemis tinctoria* ›Sauce Hollandaise‹. So eine Pflanze muss man einfach lieben. Sie hat tatsächlich Blüten wie eine Margerite, in der Farbe einer Hollandaise. Wenn sie aufblüht, ist sie etwas dunkler gelb, wenn sie verblüht, sind die Blütenblätter eher cremefarben mit der typischen gelben Mitte. Es lohnt sich, sich etwas Zeit zu nehmen und die verblühten Stängel zu entfernen. Dann blüht sie noch monatelang ungestört weiter und sieht wunderschön aus. Für den Spätsommer pflanzten wir *Perovskia atriplicifolia* ›Blue Spire‹. Dieser Halbstrauch wächst nicht kugelförmig, sondern aufwärts. Die Stängel sind wie mit weißem Filz überzogen, die Knospen samtig violett, das hübsche Laub graugrün. Auch diese Pflanze sieht am besten aus, wenn sie spätestens im Frühjahr stark zurückgeschnitten wird.

Hohe Stauden

Im Hintergrund standen drei größere Stauden, von denen zwei sehr eindrucksvoll sind: *Cynara cardunculus*, die Cardy, eine enge Verwandte der Artischocke, und *Tanacetum macrophyllum*, die Schafgarben-Margerite. Die Cardy ist eng mit der Artischocke verwandt. Auf den ersten Blick sehen die Blütenknospen gleich aus, außen sind die Blütenspitzen eher spitz und etwas unfreundlich stachelig. Das große silbergraue Laub ist sehr imposant. Die Schafgarben-Margerite sieht aus wie eine riesige wilde Schafgarbe: Das frischgrüne Laub hat eine gute, kräftige Struktur, die straff aufrechten Blütenstiele tragen am Ende perfekt waagerecht große, weiße Schafgarbe-Dolden, die wunderbar den ganzen Winter über stehenbleiben. Beide Pflanzen – die Cardy und die Schafgarben-Margerite – haben eine ausgeprägte Persönlichkeit.

Die dritte hohe Staude war ein Kandelaber-Ehrenpreis: *Veronicastrum virginicum* ›Lavendelturm‹. In den Farbrabatten standen schon einige dieser hohen, eleganten Stauden, aber man kann nie genug davon haben. Die schlanken Blüten bringen eine gute vertikale Struktur ins Beet, die von den Perovskien wiederholt wird und gut mit der vertikalen Linie der scharfen Garben kontrastiert.

Gräser

Als Kontrast, aber ebenfalls in weiß-grün, standen dort auch drei sehr fein gestreifte Chinaschilfgräser, *Miscanthus sinensis* ›Morning Light‹. Es ist eins der Gräser, das ich besonders wegen seines Laubs schätze. Seine schlanken Blätter haben einen feinen weißen Rand und einen zierlichen Wuchs. In der vorderen Hälfte des Beetes pflanzte ich mehrere Nadelgräser *Stipa tenuifolia* – auch bekannt als *Nasella tenuifolia* – zwischen die Halbsträucher. Ich finde, es ist eines der vielseitigsten kleineren Gräser für sonnige Lagen. Es kann sowohl vereinzelt als auch in Massen gepflanzt werden und macht sich auch in Töpfen gut. Dort, wo Platz und Licht ist, sät es sich gerne aus, was mir entgegenkam, da ich bei manchen Gräsern lieber neue Sämlinge habe, statt zu versuchen, aus den älteren Pflanzen irgendwie die toten Halme aus dem Vorjahr aus dem frischen Grün herauszukämmen.

Die frühe Morgensonne scheint auf die vielen Schlafmohnblumen, die Teil der Übergangsbepflanzung vom mediterranen Beet zum Präriegarten waren. Rechts einer der Apfelbäume, links der alte Holunder beim Komposthaufen.

Wie immer durfte sich auch hier eine Akelei austoben, dieses Mal in Weiß. Auch die Königskerzen hatten die Erlaubnis, sich auszusäen, solange sie damit die Staffel weitergaben an die Königskerzen, die sich im Präriegarten jedes Jahr aussäten. Aber der wichtigste Selbstaussäer war wohl der Schlafmohn, der sich von hier bis zur hinteren Terrasse fröhlich verbreitet hat.

Am Ende des Beets stand auch die erste von mehreren roten Türkischen Mohnpflanzen. Dieser Mohn markierte den Übergang von diesem Gartenraum mit seinen mediterranen Halbsträuchern in Grau und Silber, mit weißen, zartgelben oder blassvioletten Blüten zum Präriegarten. Die großen Stauden im Hintergrund allerdings kündigten schon das Thema an, das den Besucher um die Ecke im Präriegarten erwartete: noch mehr große Stauden, aber dieses Mal in wesentlich intensiveren Farben.

DER PRÄRIEGARTEN

Wie so oft war der hintere Teil des Gartens, als wir ihn übernahmen, die vernachlässigte Schmuddelecke. Der Bereich, in dem alles gelandet war, von dem unsere Vorbesitzer nicht wussten, wohin damit. In Zeiten, in denen es noch keine Müllabfuhr gab, musste man sehen, wie man mit seinem Müll zurechtkam. Nicht nur, dass die Mengen im Vergleich zu heute verschwindend gering waren – das meiste war kompostierbar oder konnte im Ofen verbrannt werden. Die wenigen Verpackungsmaterialien und Behälter, die es damals gab, wurden einfach wiederverwendet. Materialien wurden recycelt und wenn möglich weiterverarbeitet. Alte Kleidung wurde, wenn sie nicht mehr zu gebrauchen war, im Garten entsorgt, ebenso wie die Asche aus dem Kamin. Küchenabfälle wurden an die Tiere verfüttert oder kamen auf den Misthaufen, der wiederum als wertvoller Dünger auf den Beeten landete.

Ursprünglich stand ganz hinten in unserem Garten der Schweinestall, den jeder Dorfbewohner nach dem Neubau der Häuser im 19. Jahrhundert bekommen hatte. Leider war von unserem Stall nur ein kleines Stück Mauer übrig, geschützt von einem großen alten Holunderstrauch, der an der Ecke des Grundstücks stand. Ich habe immer bedauert, dass es diesen Stall nicht mehr gibt; ich hätte so gerne ein Schwein gehabt. In einigen der Nachbargärten standen noch die schönen, aus Naturstein und Backstein gebauten Luxusställe, die jedoch nur noch als Schuppen genutzt wurden.

Von dem ganzen Unrat, der über Jahrzehnte hier abgeladen worden war, war der Boden schwarz, nährstoffreich und von Brennnesseln bewachsen, die Zeigerpflanze für solche Böden. Die vielen Steine, die bei der Gartenarbeit immer wieder aus dem Boden auftauchten, wurden hier entsorgt, weshalb der gesamte hintere Teil des Gartens über die ganze Breite leicht erhöht war.

Die Gin-&-Tonic-Terrasse

Das Erste, was wir im Frühjahr im Garten bauten, war eine kleine Terrasse. Im hinteren Teil des Gartens, in diesem leicht erhöhten Bereich, von wo aus man einen traumhaften Blick über die Pferdewiese in die weite Landschaft des Themsetals hatte, war der ideale Platz dafür. Man konnte kilometerweit

Leicht versteckt und zugleich gerahmt von hohen Holundersträuchern (rechts) und Sommerflieder (links) war die »Gin-&-Tonic-Terrasse« eine schöne Überraschung ganz am Ende des Gartens. Von hier war der Blick in die weite Landschaft zu jeder Jahreszeit traumhaft.

über Felder und uralte Hecken mit majestätischen alten Eichen blicken und den Sonnenuntergang genießen. Wegen der leicht erhöhten Lage waren zwei Stufen aus einfachen Holzbalken erforderlich. Rechts, zum Nachbargrundstück hin, schützten drei große alte Holundersträucher die Terrasse vor dem Ostwind. Während der Blütezeit im Mai dufteten sie besonders herrlich. Links, an der Ecke zur Treppe, standen zwei alte Sommerflieder oder Schmetterlingssträucher. Beide Sträucher waren als Hochstamm gezogen, damit man besser an ihnen vorbeigehen und unter ihnen mähen konnte. Sie wurden jedes Jahr im Winter auf Schulterhöhe bis auf den Stamm zurückgeschnitten. Das passte gut, sie durften trotz ihrer Nähe zum Weg stehen bleiben, weil man gut an ihnen vorbeikam und sie während des Sommers die Terrasse mit ihrem köstlichen Duft fluteten.

Die Terrasse war schnell gebaut. Holz und Schrauben wurden bei einem örtlichen Holzhändler gekauft. Gabriella bereitete Fundamente mit vorgefertigten Betonblöcken vor, auf die ein einfaches Gerüst gelegt wurde, auf dem die Zedernholzlatten mit verzinkten Schrauben befestigt wurden. Die Terrasse war dreieinhalb Meter breit und zweieinhalb Meter tief. Sie war für einen kleinen runden Tisch mit zwei Stühlen gedacht. Es gab allerdings den einen oder anderen Abend, da ist ein Gast rückwärts in die Brennnesseln gekippt, weil die Gesellschaft zu groß war und die Terrasse dafür einfach zu schmal. Wir hätten nie gedacht, dass diese Ecke so schön und beliebt werden würde, dass wir hier viele Sommerabende in größerer Runde verbringen würden. Aber im Grunde war es schon zu erahnen: Am Nachmittag der Fertigstellung, während Gabriella noch die letzten zehn Bretter befestigte, standen eine Nachbarin und ich schon mit einem Tablett mit Gläsern, Eiswürfeln, Zitrone und einer Flasche Gin sowie Tonicwater zur Einweihung da, und so kam die Terrasse zu ihrem Namen: »Gin-&-Tonic-Terrasse«.

Der Übergang vom Garten zur angrenzenden Landschaft

Je weiter entfernt vom Haus ein Gartenbereich ist, desto entspannter kann man es mit der Pflege angehen. Und es ist immer wichtig, eine Übergangszone zwischen Garten und freier Landschaft zu haben. Wenn man mitten in der Stadt wohnt, ist das etwas schwieriger, zumal die Gärten meist viel kleiner sind und die gesamte Fläche genutzt wird, aber in einem größeren, eher ländlichen Garten ist es gut, wenn die Grenze zwischen Garten und Natur etwas fließender ist. Wenn die natürliche Vegetation über den Gartenzaun springen darf, wird die begleitende Fauna folgen und sich auch im Garten wohlfühlen.

Die Bepflanzung sollte in ihrem Charakter entsprechend entspannter und natürlicher sein. Hinter dem Zaun, der unser Grundstück eingrenzte, war reichlich Wiese, aber da der Boden auf unserer Seite sehr nährstoffreich war, ahnte ich, dass es mit einer schönen Blumenwiese schwierig werden könnte, da sie mageren Boden braucht. Stattdessen entschlossen wir uns für eine Staudenbepflanzung inspiriert von der Nordamerikanischen Prärie, von wo viele unsere Gartenstauden stammen. Im Gegensatz zu unseren europäischen Wildblumenwiesen sollten hier statt Gras mit Stauden dazwischen eher Stauden mit Gräsern wachsen.

An ihrem ursprünglichen Standort in Nordamerika sind die Winter kalt, die Sommer eher trocken, die Pflanzen treiben in der Regel im Frühjahr später aus, wachsen dann aber wesentlich höher als unsere einheimischen Wiesen.

So entstand der Präriegarten, der die gesamte Fläche hinter den Apfelbäumen einnahm, mit denen der funktionale Nutzgarten endete. Kurz davor schwenkte der Rasenweg zunächst nach links am mediterranen Beet vorbei, um dann in zwei großzügigen Kurven über fast die gesamte Breite des Gartens zur Gin & Tonic Terrasse zu führen. Der Weg war immer noch ein Rasenweg, aber mit dem Unterschied, dass alle paar Meter ein Klinkerband den Weg unterbrach. Statt eines langen Rasenstreifens gab es Rasenfelder, die Klinkerreihen gaben den Rhythmus vor und erzeugten Tiefe; ein kleines Detail, das einen großen Unterschied machte.

Auf knapp halber Strecke zweigte ein schmaler Weg zum Kompostbereich ab, der vom Rest des Gartens hinter einer Rotbuchenhecke verborgen lag. Dieser Rasenweg war gerade so breit, dass man mit der Schubkarre durchfahren konnte, aber nicht so einladend, dass jeder Besucher versehentlich im Kompost landete.

Das luftige Beet

Der schmale Rasenweg, der ursprünglich in gerader Linie vom Haus zum Ende des Gartens führte, wurde dafür umgelegt. Hier entstand eine Bepflanzung, die man im großen Bogen umgehen sollte, anstatt geradeaus zu gehen. Es war nur ein kleiner Umweg und die ihn umgebende Bepflanzung sollte Höhe und Volumen haben, aber trotzdem Leichtigkeit. Es war kein eigenes Beet, sondern eine Art erweiterte Unterpflanzung der Apfelbäume, die einen Übergang vom mediterranen Beet in den Präriebereich schaffte. Die Höhe war mir nicht nur wichtig, um den Blick zu bremsen und Spannung zu erzeugen, sondern auch, weil die hohen Pflanzen gut mit den Apfelbäumen korrespondierten. Um eine Einheit zu schaffen, wurde diese Pflanzung farblich an das mediterrane Beet angepasst, mit hellen, kühleren Farben wie Weiß und Blau sowie der Wiederholung des Heiligenkrauts und der selbstaussäenden Akelei und des Schlafmohns.

Eine sanfte Kurve im Grasweg führt um die Ecke zur versteckte »Gin-&-Tonic-Terrasse«. Die Ziegelsteinstreifen verleihen dem Weg ein subtiles Muster und grenzen ihn ästhetisch von dem anderen, geraden Weg ab.

Nicht nur Gräser, sondern auch verschiedene Stauden können für Höhe und Transparenz sorgen. Es gibt zwei hervorragende Gattungen, die für luftige Strukturen sorgen: Die meisten Wiesenrauten streben im Frühsommer empor, während die Wiesenknopfarten später im Sommer für Höhe sorgen. In unserem Präriegarten habe ich sie verwendet, um eine Grenze zwischen dem »geordneten« Nutzgarten und dem wilderen Präriegarten zu schaffen. Ich hatte mich von den luftigen hellvioletten Blüten der Prächtigen Wiesenraute *Thalictrum rochebruneanum* verführen lassen, denen später die markanten Samen folgen. Sie schmückten den Garten bis weit in den Herbst hinein.

Die andere luftige, transparente Pflanze, die für viel Bewegung sorgte, war der Weiße Wiesenknopf *Sanguisorba tenuifolia* ›Albiflora‹. In der Abendsonne gefielen mir besonders die verspielten, tanzenden, weißen, wuscheligen Blüten und das feinere, gefiederte Laub. Drei Exemplare füllten das Beet, und mit fast zwei Metern Höhe standen die schlanken Stängel mit den spielerisch hängenden Kätzchen vom Hochsommer bis in den Spätherbst wie eine weiße Wolke zappeliger Würmer. Besonders in der Abendsonne sahen sie prächtig aus. An die Füße der luftigen Riesen fiel noch so viel Licht, dass sich dort die Schwertlilien wohlfühlten und genug Energie tanken konnten, um ihre jährliche, kurze Blütenpracht hervorzubringen. Sie übernahmen die frühsommerliche Stafette vom zarten porzellanblauen Enzian-Ehrenpreis, dem Ehrenpreis (*Veronica gentianoides*) und der Akelei.

Schlafmohn und Borretsch fanden auch hier jeden Sommer genügend Platz und begrüßten alle Besucher mehrfach, während sie den Weg zur Terrasse entlangschlenderten. Auf der Rückseite dieser Kombination standen auch schon die ersten Protagonisten der Prärie: Reitgras, *Papaver* ›Türkenlouis‹ und Königskerze.

Kraftvolle Bepflanzung

In der Natur wachsen Pflanzen nicht in klar voneinander abgegrenzten Gruppen. In der Regel leben viele verschiedene Pflanzen, die die gleichen Ansprüche haben, aber zu unterschiedlichen Jahreszeiten blühen, in einer engen Gemeinschaft, in der sie sich willkürlich aussäen und ausbreiten. Sie erscheinen wie eine homogene Masse, mal in einer größeren Gruppe, aber meist alleine als Solitär oder als Zweier-/Dreiergruppen. Einige verbreiten ihre Samen in einem großen Radius, andere bleiben in der Nähe der Mutterpflanzen. Diejenigen, die sich durch Ausläufer ausbreiten, finden sich am ehesten in informellen Gruppierungen wieder.

Die Bepflanzung des Präriegartens war von diesem Prinzip inspiriert, auch wenn sie ihm nicht hundertprozentig folgte: Er sollte einen ganz anderen Charakter haben als die anderen Staudenbereiche des Gartens.

Auf dieser großen Fläche sollte die Bepflanzung nicht zu kleinteilig wirken. Sie sollte richtig ›Wumms‹ haben und wie ein großes Feuerwerk wirken. Deshalb sollten einige Pflanzen in größeren, lockeren Pflanzengruppen, so genannten »Drifts«, wachsen, unterbrochen von einzelnen, gut platzierten Solitärpflanzen. Eine Handvoll Selbstaussäer sollte das Ganze auflockern. Passend zum Sonnenuntergang, den man von der Gin-&-Tonic-Terrasse aus genießen konnte, dominierten in diesem Bereich warme Farbtöne. Es gab viel Orange und Rot, etwas Gelb, und für die Frische etwas Blau und etwas Creme. Die Kombination aus hohen Stauden, einigen größeren Gruppen und überwiegend warmen Farben wirkte am Ende sehr harmonisch.

Verbindende Strukturpflanzen

Mein Wunsch war es, mich zwischen den hohen Gräsern und Blumen zu verlieren, ein bisschen wie bei Alice im Wunderland. Ein Wald kann schnell bedrohlich wirken, aber Stauden und Gräser haben eine einzigartige Leichtigkeit, sie wirken einladend und freundlich.

Zunächst verteilten wir die wichtigen Strukturpflanzen als einzelne Solitäre wie eine informelle Wabe über die Fläche, allen voran die Gräser. Sie waren unverzichtbar, um den von uns angestrebten »Präriecharakter« zu erreichen, und vor allem, um ihn über einen sehr langen Zeitraum zu erhalten. Nur wenige Stauden sind in den Herbst- und Wintermonaten so präsent wie viele Gräser. Verschiedene Gräser haben diverse Eigenschaften. Die Standortansprüche sind natürlich wichtig, der Blühbeginn und wie lange sie präsent sind, aber auch ihre architektonischen Eigenschaften dürfen nicht aus den Augen verloren werden.

Im Präriegarten war das Garten-Reitgras *Calamagrostis x acutiflora* ›Karl Foerster‹ der Hauptakteur. Ich finde, es ist ein großartiges Gras, perfekt für diese Gestaltung. Es gibt nur wenige Pflanzen, die so lange in einer Bepflanzung wirken. Es ist fast so hoch wie ich und blüht schon im Frühsommer. Zur Blütezeit sind die Ähren sehr locker und bewegen sich beim kleinsten Windhauch elegant wie eine Primaballerina. Während der Blüte verfärben sie sich violett. Beim Verblühen schließen sich die Ähren und beim Trocknen richten sie sich steif auf. Sie trotzen Wind und Regen und stehen im Frühjahr, wenn das neue Laub austreibt, immer noch genauso aufrecht da wie im Herbst. Spätestens dann muss man sie abschneiden.

Diese Gräser waren der wichtigste Teil der gesamten Bepflanzung. Als einziges Strukturelement wurden sie links und rechts des Weges über die Fläche verteilt. So war sofort klar, dass all diese Bereiche zusammengehörten, egal zu welcher Jahreszeit man hier durchging. Der Habitus der Pflanzen war mir bei dieser Pflanzung besonders wichtig. Je weiter es in den Sommer und Herbst ging, desto aufrechter wurden sie. Bis zum Winter waren sie zu senkrechten Säulen geworden. Gerade diese strenge Formalität war wichtig, um ein wenig Ordnung und Struktur in das Ganze zu bringen. Was ansonsten im Winter nur eine große Fläche vertrockneter Stauden gewesen wäre, bekam so über die gesamte Fläche diese klar definierten Strukturen.

Das Garten-Reitgras *Calamagrostis x acutiflora* ›Karl Foerster‹ war über die gesamte Fläche des Präriegartens verstreut. Es vereinte so die verschiedenen Pflanzbereiche und schuf eine klare Struktur, was besonders im Spätherbst und Winter von großem Wert war.

Meine Liebe zum Mohn war natürlich auch hier unverkennbar: Obwohl er im Gegensatz zum Gras nur kurz blühte, eröffnete er die Saison mit einem Paukenschlag. Statt verschiedene Sorten zu pflanzen, beschränkte ich mich auf eine einzige und setzte wie beim Gras lieber auf Wiederholung als Strukturgeber. Ich wählte eine Sorte, die wir noch nicht im Garten hatten, und bestellte neun leuchtend rote *Papaver orientale* ›Türkenlouis‹. Ich pflanzte sie wie die Gräser über die gesamte Fläche verteilt. Als sie in der nächsten Saison, als die meisten Stauden noch recht niedrig waren, erstmals zu blühen begannen, war ich überrascht, dass das Besondere an ›Türkenlouis‹ die zottig gefransten Blütenblätter sind. Dieses Detail hatte ich in meiner Begeisterung für das Neue übersehen, und es gefiel mir zunächst gar nicht. Doch ich gab ihm eine Chance, und ich gebe zu, mit der Zeit ist er mir ans Herz gewachsen. Jeden Mai freute ich mich auf die feuerroten Blüten, die so fröhlich gefranst waren. Sie hatten eine starke Leuchtkraft, so dass man sie schon von weitem gut sehen konnte, und aus der Ferne sah man die Fransen gar nicht.

Eine dritte wichtige Pflanze in diesem Gartenbereich wuchs im Vordergrund. Am Rand des Weges oder im vorderen Teil des Beetes verwende ich normalerweise kniehohe Pflanzen, die die Bepflanzung einfassen. In diesem Fall hatte ich mir etwas mehr Höhe gewünscht, da die Pflanzen dahinter noch höher waren. Aber es ist wichtig, dass die Pflanzen luftig und transparent sind, dass sie mich beim Vorbeigehen berühren, aber dass ich durch den Blütenschleier hindurchsehen kann. Daher wählte ich eine leuchtend orange Nelkenwurz *Geum* ›Prinses Juliana‹. Sie liebte den Standort, blühte monatelang und erreichte im Hochsommer fast einen Meter Höhe. Anstatt sie als einzelne Solitärpflanzen zu setzen, habe ich sie in lockeren Gruppen von zwei bis drei Pflanzen gepflanzt. Die Sorte hat eine frische orange Farbe und eine lange Blütezeit. Die unregelmäßig gefüllten (halbgefüllten, aber auch einige ungefüllte) Blüten tanzen auf langen, dünnen Stielen hoch über dem Laub. Es ist eine gute Randpflanze, die eine entgegenkommende Höhe erzeugt. Es war auch die Sorte, die wir auf der Chelsea Flower Show 2007 im Mittelbeet in Kombination mit Steppensalbei *Salvia nemorosa* ›Caradonna‹ und Langsporniger Akelei ›Yellow Queen‹ verwendeten – sie wurde zur besten Pflanzenkombination der Show gewählt.

Nach dem Paukenschlag der Türkenmohnblüte war es nun der orangefarbene Knall der Nelkenwurz, der die Terrassensaison eröffnete. Vorher war es meist noch zu kühl für die Terrasse, und so war es auch nicht so schlimm, dass hier, abgesehen von ein paar Zwiebeln, zu Saisonbeginn noch nicht so viel los war wie im Vorgarten.

Für die frühe Saison hatte ich auch mehrere Exemplare der Busch-Wolfsmilch *Euphorbia x martinii* gepflanzt. Sie wird nicht so groß und imposant wie die Mittelmeer-Wolfsmilch, ist aber ähnlich charakterstark. Ich verstreute etwa eine Handvoll von ihnen über die Beete, sie gaben wertvolles Volumen und leuchteten im Frühjahr in frischem Gelb und Grün.

Zwischen diese wichtigen Strukturpflanzen, die die Matrix bildeten, kamen dann die Füllpflanzen – sowohl Leitstauden, die über einen längeren Zeitraum mit ihrer Blüte und Struktur für Farbe und Volumen sorgten, als auch einzelne Opportunisten, regelmäßig wiederkehrende ein- und zweijährige Stauden, die sich netterweise freie Plätze aussuchten und für die Saison alle Lücken füllten. Und natürlich die Blumenzwiebeln.

Der Saisonbeginn: Zwiebelzeit

Im März erschienen die ersten kleinen Frühblüher wie Krokusse und Blausternchen und begleiteten die kleinen zartgelben Wildprimeln, die am Fuß des Sommerflieders optisch Sonne spendeten. Dann kamen die Narzissen: ›Peeping Tom‹, ein *Cyclamineus*-Typ, dreißig Zentimeter hoch, mit einer besonders langen, leicht gefransten Blumenkrone. Es handelt sich um eine alte Sorte aus Cornwall, einer Region, die noch heute für ihre Narzissenzüchter bekannt ist. Von allen gelben Sorten ist sie nach wie vor meine Lieblingssorte, und sie eignet sich zudem gut zum Verwildern. Sie hat eine lange, schmale Schnauze und weit nach hinten gebogene »Ohren«. Damit erinnert »Tom« mich immer an einen Hund, der beim Autofahren aufgeregt seine Nase aus dem Fenster streckt und dessen Ohren wie eine Fahne im Wind wehen. Jedes Frühjahr kamen sie zuverlässig aus der Erde und begrüßten mich fröhlich und gut gelaunt mit ihren eifrigen Schnauzen, die alle wie im Chor in dieselbe Richtung blickten. Die Narzissensaison wurde mit späten Narzissensorten verlängert, die dann wiederum den Tulpen Platz machten. Die Dichternarzissen wie *N. poeticus* ›Recurvus‹ sind besonders elegante, herrlich duftende Sorten. Sie sehen nicht nur im hohen Gras gut aus, sondern auch zwischen austreibenden Stauden. Sie bevorzugen einen leicht feuchten Standort. Es handelt sich um eine der ältesten bekannten Sorten, die seit mehr als vier Jahrhunderten unsere Gärten schmückt. *Narzissus* ›Actea‹ ist ähnlich, etwas kleiner und früher, hat aber steifere Blütenblätter. Beide sind reinweiß und haben statt der frechen langen »Schnute« von ›Peeping Tom‹ ein überraschtes Mündchen mit orangefarbenem Rand, das zart »oh« sagt. Diese Narzissen bekamen Gesellschaft von einer der meiner Meinung nach schönsten Tulpen: *Tulipa praestans* – die ebenso »vortrefflich« ist, wie ihr lateinischer Name verspricht.

Diese mehrblütige Tulpe stammt aus den Bergen Tadschikistans, wo sie auf lehmigen, steinigen Böden in leicht schattigen Wäldern wächst. Meine Erfahrung hat gezeigt, dass sie auch in schattigeren Gartenbereichen unter Laubbäumen, die im Frühjahr noch genügend Sonne bekommen, jedes Jahr wiederkommt und blüht. Selbst in Berlin schafft sie es, sich zu vermehren, so dass die leuchtenden Farbtupfer von Jahr zu Jahr größer werden.

Sie wird bis zu vierzig Zentimeter hoch und hat maximal fünf Blüten pro Stängel, was ihre Blüte sehr eindrucksvoll macht. Das Laub ist hell, graugrün. Die Knospen sind schlank und spitz, und wenn sie voll aufgeblüht sind, entfalten sie sich zu großen, offenen Sternen. Es gibt zwei Sorten, die beide empfehlenswert sind: *Tulipa praestans* ›Fusilier‹. Diese Sorte hat leuchtend rote Blüten, die sehr gut aus der Ferne wirken. Ich konnte sie von der Küchenterrasse unter den Apfelbäumen bis in den hinteren Teil des Gartens leuchten sehen. Wenn Sie es in Ihrem Garten nicht ganz so »laut« mögen, kann ich Ihnen die Sorte ›Shogun‹ sehr empfehlen. Diese hat ein besonders schönes, zartes Orange, wie eine reife Aprikose. Die Staubgefäße sind dunkelblau-violett, was einen interessanten Kontrast ergibt, wenn die Blüte voll aufgeblüht ist.

Seitdem begleitet mich diese Tulpe in meinen Gärten. Sie hat sich gut bewährt, egal ob sie an einer sonnigen Stelle auf schwerem Lehmboden oder im Berliner sandigen, schattigen Innenhof stand. Sie ist anspruchslos und unkompliziert. Nur auf sehr sandigen Böden mit einem niedrigen pH-Wert wird sie ein wenig Unterstützung benötigen und sollte im Frühjahr beim Austrieb gedüngt werden. Seien Sie auch großzügig mit Kompost, das hilft immer.

Frühsommerliche Höhenbringer – hohe Stauden

Unter den Frühjahrs- und Sommerblühern sind hochwachsende Stauden nicht leicht zu finden, da sie nur eine kurze »Anlaufzeit« haben, bevor sie zu blühen beginnen. Anders sieht es bei den Spätsommer- und Herbststauden aus – je später der Sommer, desto mehr Zeit haben sie zu wachsen, bevor sie ihre Blütenpracht entfalten.

Da mein selbstgestecktes Ziel »hoch und groß« lautete, habe ich bewusst versucht, zumindest ein paar etwas höhere Stauden für den Frühsommer aus-

Die große weiße Wolke des Buschknöterichs füllt ab Juni eine nicht zu unterschätzende Fläche. Mit zwei Metern Höhe ist sie ein praktischer Sichtschutz.

zuwählen. Zu Beginn der eigentlichen Sommersaison, nachdem die orangefarbene Nelkenwurz langsam verging, gab es einige wertvolle frühe Höhenlieferanten. Manche unter ihnen, darunter der Riesen-Schuppenkopf (*Cephalaria gigantea*), sind mit ihren hohen, schlanken, fast blattlosen Stängeln, die von hellgrün-gelben, skabiosenähnlichen Blüten gekrönt werden, sehr transparent. Diese Pflanze wird am besten einzeln im Hintergrund gepflanzt, um große Lücken im Spätsommer zu kaschieren.

So transparent der Schuppenkopf ist, so massiv wirkt der Buschknöterich. Weil er mir so gut gefällt und schon im Juni so groß wird, pflanzte ich auch hier *Aconogonum alpinum* ›Johanniswolke‹. Das cremeweiße Federkleid wechselt zum Spätsommer hin, wenn die Blüte zu Ende geht und bis zum Herbst langsam vertrocknet, in ein zartes Rot.

Natürlich blühten diese beiden Giganten nicht allein in diesem Bereich. Neugierig geworden, wollte ich auch die einheimischen Bibernellrosen ausprobieren. Die cremegelbe ›Dunwich Rose‹ und die weiße Wildform pflanzte ich am Wegesrand an der Ecke zum Kompost, da sie nur einen Meter hoch werden. Diese Rosen blühen nur einmal, haben aber sehr attraktives, fein gefiedertes Laub. Die einfachen Blüten sind sehr reizvoll und beliebt bei Insekten, und im Herbst bilden sich kleine runde Hagebutten und eine ungewöhnlich gute Herbstfärbung. Nicht zu vergessen ist, dass diese Rose auch an der Nordsee wächst, wo sie mit ihren unterirdischen Ausläufern zur Stabilisierung der Dünen beiträgt. Besonders auf lockeren Böden können daher die Ausläufer ein Problem werden!

Höhe für die Sommermonate: Formgebende Kontraste

Wenn die Sommerhitze zunimmt, wächst auch die Vegetation. Es gibt eine große Vielfalt an Formen und Texturen, mit denen ich gerne spiele. Besonders klare vertikale und horizontale Linien sind immer wertvoll, um Ruhe und Struktur in eine sonst oft ungeordnete Bepflanzung zu bringen. Der Sommer war geprägt von architektonisch wertvollen Pflanzen. Obwohl Gelb, Orange und Rot die dominierenden Farben waren, war es wichtig, einen Kontrast zu haben, um etwas Frische in die Farbpalette zu bringen. Deshalb waren einige blau blühende Stauden sehr wichtig für mich.

Von den schlanken, lavendelfarbenen Spitzen von *Veronicastrum virginicum* ›Lavendelturm‹ (Kandelaber-Ehrenpreis), die den ganzen Winter über ihre elegante, sehr dekorative Silhouette behalten, bis zur Kugeldistel *Echinops bannaticus* ›Veitch's Blue‹. Letztere kam erst einige Jahre später hinzu, war aber eine wertvolle Ergänzung. Nicht nur wegen ihrer schönen blau-silbernen Farbe, sondern auch wegen ihrer perfekten kugelförmigen Blütenform, die eine wertvolle Silhouette im Garten bildet, und weil ihre Blüten beliebt bei Insekten und die Samen später Vogelfutter sind. Ein Gewinner auf alle Ebenen.

Stauden wie das Garten-Reitgras und Kandelaber-Ehrenpreis ›Lavendelturm‹, die ein gutes, vertikales Gerust formen, sind immer wertvoll in einer Bepflanzung, da sie viel Struktur schaffen. Auch die Steppenkerze ›Cleopatra‹ trägt hierzu bei.

Meine Lieblings-Sonnenbraut ist *Helenium* ›Rubinzwerg‹. Ich mag die verspielten runden Pompons, die von etwas flatternden Blütenblättern umgeben sind. Sie kommen am besten zur Geltung, wenn sie in Gruppen gepflanzt werden. Je nach Höhe der Sorten stelle ich sie entweder mehr in den Vordergrund, mehr in die Mitte oder sogar in den Hintergrund. In diesem Fall standen die größeren Kandelaber-Ehrenpreise im Hintergrund, die samtroten *Helenium* ›Rubinzwerg‹ in der zweiten Reihe davor und nicht weit davon entfernt die Blaunessel *Agastache rugosa* ›Blue Fortune‹. Diese lang blühende Staude hat eine sehr wertvolle vertikale Präsenz im Beet, sie blüht den ganzen Sommer über mit lavendelblauen Blüten, die eine Vielzahl von Insekten anziehen. Während der Wintermonate ist sie eine der zuverlässigsten Strukturpflanzen.

Sowohl der Kandelaber-Ehrenpreis und die Blaunessel als auch die Sonnenbraut wurden in größeren, lockeren Gruppen von mindestens sechs bis neun Pflanzen gepflanzt. Ein weiterer Formenkontrast wurde durch die bereits beschriebene Schafgarben-Magerite geschaffen. Ihre großen, fast waagerechten Dolden geben eine hervorragende architektonische Struktur und bildeten eines der Verbindungsglieder zum mediterranen Beet, wo es – wie bereits erwähnt – eine kleinere Gruppe dieser Pflanze gab. Die Blütenform wurde mit *Achillea* ›Terracotta‹ wiederholt. Etwas kleiner und filigraner als alle anderen Schafgarben, aber in einem sehr schönen, zarten Terracotta-Orange.

Vertikale Akzente setzte ich mit *Eremurus* ›Cleopatra‹ (Steppenkerze), die wiederum die Farbe der benachbarten *Achillea* ›Terracotta‹ aufgriff. Diese Ruyter-Hybriden sind zwar nicht so groß und beeindruckend wie die großen *Eremurus robustus* und *E. himalaicus*, die in den Farbrabatten standen, aber sie sind viel anspruchsloser und langlebiger. Sie erreichen eine Höhe von etwa einem Meter dreißig und blühen drei bis vier Wochen später als ihre riesigen Verwandten. Auch die Blüten sind kleiner und schlanker. Obwohl sie kompakter sind, bringen sie eine wichtige vertikale Linie in die Pflanzung, die in Kombination mit der horizontalen Ebene der Schafgarbenblüten besonders gut wirkt.

Im Hochsommer kann man sich vor Gelb kaum retten. Vom Mädchenauge über die Sonnenbraut bis zum Sonnenhut gibt es fast nur sattgelbe Korbblütler. Es gibt einige Ausnahmen, die im Garten eine Heimat gefunden haben: *Coreopsis verticillata* ›Moonbeam‹ ist ein sehr zartes cremegelbes Mädchenauge, das sich gut im Vordergrund macht, und wer im Hochsommer Angst vor zu viel Gelb hat, sollte sich die erfrischend zitronengelben Margeriten von *Helianthus microcephalus* ›Lemon Queen‹, der kleinblütigen Sonnenblume, ansehen. Sie blühen bis weit in den Herbst hinein und sorgen für eine sehr angenehme, erfrischende Farbnote. Es sind kräftige Pflanzen, die bei mir alle fünf bis sechs Jahre ausgegraben und geteilt werden, weil sie mir deutlich signalisieren, dass es notwendig ist: Von Jahr zu Jahr werden sie kleiner, bis sie wieder von vorne anfangen dürfen. Da diese mannshohe Pflanze fast einen Quadratmeter ausfüllen kann, braucht man nicht viele, sie wirkt am besten als Solitärpflanze. Zwei oder drei habe ich in der Nähe der Terrasse verstreut.

Höhe im Herbst

Wenn sich der Sommer dem Ende zuneigt, ist die Show noch lange nicht vorbei. Es gibt so viele prächtige Stauden und Gräser, die die Saison mit einem brillanten Feuerwerk beenden. Auf dieses große Finale muss man sich wirklich freuen können. Deshalb ist es so wichtig, das Ende der Gartensaison sorgfältig zu planen, denn in der Aufregung über die vielen Neupflanzungen, die ja meist im Frühjahr stattfinden, wird das Ende der Saison oft nicht bedacht. Es gibt eine Reihe von Spätsommerblühern, die bis weit in den Herbst hinein schön sind.

Die besten Sommergäste sind auch im September und Oktober noch interessant, wenn auch nicht mehr ganz so frisch und farbenfroh: Die langsam verblühende Sonnenbraut und die Blaunessel bringen noch Farbe ins Spiel, wenn auch etwas matt. Die Schafgarbe und der Salbei sind verblüht, aber sie halten tapfer durch und sind immer noch interessant mit ihrer tollen Struktur. Ein Sommerblüher, der mühelos bis weit in den Herbst hinein blüht, ist meine Lieblings-Rudbeckie: *Rudbeckia triloba* oder Oktober-Sonnenhut. Diese Pflanze entwickelt sich schnell zu einem großen, stark verzweigten ›Busch‹. Bis zum Herbst sieht sie fast wie ein kleiner Strauch aus, mit einer kleinen gelben Blüte am Ende jeder Verzweigung mit einem dunkelbraunen, fast schwarzen kugelförmigen Auge. Während der Wintermonate bleibt dieses schöne Gebilde stehen, bedeckt mit vielen schwarzen, runden Kugeln. Diese sind nicht nur attraktiv, sondern auch eine hervorragende Nahrungsquelle für aufgeregte Schwanzmeisen, die das leckere Buffet im Garten gerne plündern. Diese Pflanze blüht ununterbrochen bis in den Herbst hinein. Ich gehe immer davon aus, dass sie keine Energie mehr hat, um im nächsten Jahr wieder auszutreiben. Das finde ich nicht schlimm, man kann von keiner Pflanze erwarten, dass sie so viel gibt und dann auch noch die Kraft hat, das viele Jahre durchzuhalten. Stattdessen ist diese Pflanze immer großzügig mit ihrer Samenproduktion, so dass die Vögel gerade genügend übriglassen, damit einige Sämlinge in der nächsten Saison wieder dabei sind.

Für Oktober/November, wenn die meisten Sommerstauden schon längst ihr Köfferchen für den Winter gepackt haben, habe ich mir erlaubt, eine Pflanze mit invasiven Wurzeln zu pflanzen, *Aster laevis* ›Arcturus‹. Nicht alle Astern sind invasiv, aber dieser alte Freund gefällt mir und erinnert mich noch heute

Nach den ersten frostigen Nächten erstarrte der Garten zu seinem monochromen Winterbild. Alles durfte bis zum Frühjahr stehenbleiben und diente als »Hotel« für eine Vielzahl an Insekten und anderen Tieren, die hier in aller Ruhe den Winter verbringen konnten.

an diesen Garten und darf auch an der Gartenakademie durch das Beet wandern. Die dunkelblauen, fast schwarzen Stängel, das dunkle Laub, die leuchtend rosa Wurzeln und die luftige Masse der relativ großen blauen Blüten sind einfach schön. Da die Stauden im Präriebereich so ziemlich alles machen durften, was sie wollten, war das auch in Ordnung. Die Selbstaussäer verbreiteten sich als Solitäre, die Ausläufer bildeten größere Schwärme. Irgendwie kamen alle gut miteinander aus und sorgten für ein sehr dynamisches Bild, das sich von Jahr zu Jahr veränderte.

Die Randbepflanzung

Einige Stauden, wie der Oktober-Sonnenhut, haben ein buschiges Profil, so dass sie sich gut an Wegrändern machen. Andere haben einen aufrechten Wuchs mit senkrechten Blütenstielen, bei denen die Blüten nur oben erscheinen. Diese wirken schnell wie eine undurchdringliche senkrechte Wand, besonders, wenn sie über einen Meter hoch werden. Nicht nur das: wenn man in die Pflanze hineinschaut, sieht man auch die unteren Teile der Stängel, was nicht immer das Schönste ist. Besonders bei den Raublattastern finde ich die braunen Blätter sehr unattraktiv. Auch der Kandelaber-Ehrenpreis und die Schafgarbe wachsen stramm aufrecht. Deshalb ist es wichtig, diese Stauden in der zweiten oder dritten Reihe zu pflanzen mit etwas niedriger wachsenden Partnern im Vordergrund. Dort, wo die *Geum* am Wegesrand standen, war das kein Problem. An anderen Stellen gab es mittelhohe Stauden, die kniehoch oder etwas höher blühten, wie die sonnengelben Ochsenaugen *Buphthalmum salicifolium* und der schöne dunkelblauviolette Salbei *Salvia nemorosa* ›Mainacht‹. Beides sind dankbare Frühsommerblüher. Der Kontrast und die Intensität dieser Gelb- und dunklen Blautöne gefiel mir gut und passte zu den anderen kräftigen Farben. Die Ochsenaugen sind dankbare, lang blühende Stauden, die ich nicht kannte, bis der Züchter Ewald Hügin sie mir eines Tages bei einem Gartenbesuch schenkte. Inzwischen habe ich die beiden an ihrem natürlichen Standort in den Wiesen gesehen, wo sie zusammen prächtig gedeihen. Die Bibernellrosen waren etwas höhere Randpflanzen, die sich gut als »Eckpflanzen« auf dem Weg zum Komposthaufen eigneten. Ich mag etwas Robusteres an Wegkreuzungen. Zwei weitere kräftige Pflanzen, die an kritischen Stellen verwendet wurden, waren *Euphorbia characias* ssp. *wulfenii*, die Mittelmeer-Wolfsmilch, die an der Ecke der Gin-&-Tonic-Terrasse stand, und *Sedum* ›Herbstfreude‹. Diese Stauden pflanze ich eigentlich fast nur wegen ihrer Winterstruktur. Ich kenne keine, die so unglaublich robust und standfest ist wie diese Fetthenne.

Die Selbstaussäer

Zu den oben erwähnten Solitären, die der Bepflanzung eine Struktur gegeben haben, kamen mehrere Selbstaussäer, die sich willkürlich über die Fläche verteilen durften. Diese spielten eine ähnliche Rolle wie die oben genannten Solitärstauden, um die Pflanzung auf der gesamten Fläche zusammenzuhalten. Allerdings erschienen sie immer nur dort, wo sie gerade wollten, wo auch immer sie genügend Licht und Luft bekamen, was von Jahr zu Jahr unterschiedlich war. In manchen Jahren gab es von der einen Pflanze mehr als von der anderen. Doch wenn sie einmal da waren, hielten sich genug Samen im Boden,

Mehrere Selbstaussäer wie die Königskerze, Nachtkerze, aber auch Stockrosen ragten hoch über die anderen Stauden hinaus und veränderten das Gartenbild von Jahr zu Jahr. Sie brachten eine wertvolle Dynamik ins Beet.

so dass sie immer wieder auftauchen konnten, wenn Platz und Licht vorhanden waren. Das Resultat war ein ständig wechselndes Gartenbild, eine Dynamik, die sich von Jahr zu Jahr veränderte.

Einige der selbstversamenden Pflanzen sind zweijährig und blühen erst im zweiten Jahr, nachdem sie im ersten Jahr ihre Blattrosette gebildet haben. Dazu gehörten die beiden wichtigsten Strukturpflanzen: Die Kleinblütige Königskerze, *Verbascum thapsus*, ist eine wichtige Insektenpflanze mit dramatischer Struktur. Aus einer filzigen, grauen Blattrosette entspringt ein langer, aufrechter Blütenstiel, der mit gelben Blüten besetzt ist, die den ganzen Sommer über ununterbrochen erscheinen. Während die ersten Blüten längst verblüht und vertrocknet sind, blühen die anderen bis zum Ende der Saison weiter. Sogar im Winter ist diese stolze Pflanze noch ein Blickfang im Garten.

Die zweite großartige Strukturpflanze, die eine große Rolle gespielt hat, ist die Gemeine Nachtkerze, *Oenothera biennis*. Sie entwickelt sich fast wie ein Strauch mit einer großzügig verzweigten Struktur, gut bestückt mit großen zitronengelben Blüten, die sich in der Dämmerung öffnen. Obwohl sie sich über die ganze Fläche verteilt hat, war es mir wichtig, diese Pflanzen entlang des Weges und in der Nähe der Terrasse zu haben, da ihre Leuchtkraft nachts ein wenig den Verlauf des Weges anzeigt, so dass man sich mit ein wenig Mondschein ohne zusätzliche Beleuchtung gut im Garten bewegen konnte. Aber auch der herrliche Duft, der abends in der Luft hing, war mir sehr wichtig. Viele Stunden verbrachten wir abends mit Freunden auf der Terrasse und wetteten, welche Blüte sich an diesem Abend zuerst öffnen würde. Gewonnen habe ich dieses Spiel nie.

Eine zweite, kleinere duftende Nachtkerze, *Oenothera odorata* ›Sulphurea‹, auch als *O. stricta* bekannt, war eine der vielen Pflanzen, die ich in Hadspen entdeckte und die mich seitdem in meinen Gärten begleitet. Statt zu einem großen, fast einen Meter hohen, locker strukturierten Busch heranzuwachsen, ist diese Pflanze schlanker und nur halb so groß. Die Blüten sind zart schwefelcremegelb und verwelken in einem leichten Apricotton. Diese Sorte hatten wir im mediterranen Beet gepflanzt und sie ist freundlicherweise von selbst in den Präriegarten gewandert.

Eisenkraut – um korrekt zu sein: Patagonisches Eisenkraut (*Verbena bonariensis*) – ist zwar eine Staude, aber eine, die ich immer als Einjährige behandele, da sie sich oft im wahrsten Sinne zu Tode geblüht hat. Sie hört erst auf, wenn der Winter kommt. Man kann es ihr nicht verübeln, wenn ihr im Frühjahr die Kraft fehlt, wieder von vorne anzufangen. Die über einen Meter hohen, schlanken Blütenstängel haben kaum Blätter und tragen am Ende kleine Tuffs von tiefvioletten Blüten. Wie viele Opportunisten säen sie sich gerne dort aus, wo Platz und Luft ist.

Die traditionellen Stockrosen können auch große Höhen erreichen und gute vertikale Linien bilden. Sie sind kurzlebig, aber sie säen sich aus und wachsen trotz des Malvenrosts, wo es ihnen passt. Deshalb mochte ich es, dass sie vereinzelt wuchsen, versteckt zwischen anderen Pflanzen. Das war eine gute Lösung für die unattraktiven Symptome der Pilzkrankheit. Die Rostflecken, die die unteren Blätter immer vorzeitig abfallen ließen, waren dank der Nachbarpflanzen unsichtbar.

Das bescheidene Mutterkraut ist eine der wunderbaren Kräuterpflanzen, die sich einfach selbst in den Garten einladen und es sich dann gemütlich machen. Ich hatte die Variante mit grünen Blättern (statt goldgelben), mit kleinen gefüllten Kamillenblüten (statt einfachen), *Tanacetum parthenium* ›Flore Pleno‹. Es ist eine der Pflanzen, bei denen ich mir im Laufe der Saison ein wenig Zeit nehme, um die verwelkten Blüten abzuschneiden. Danach wird sie dankbar und ungehindert weiterblühen. Sie haben einen buschigen Wuchs, was im Vordergrund eines Beetes sehr praktisch ist.

Der Borretsch war eher ein zufälliger Lückenfüller, den ich irgendwann an einer Stelle gesät hatte, von der ich wusste, dass sie erst im Herbst eine dauerhafte Besiedlung haben würde. Der Bereich hat ihm wohl gefallen und so kam er immer wieder mit seinen hübschen blauen Blüten, perfekt als Eiswürfel- und Salatdekoration.

Nicht nur der Türkische Mohn ›Türkenlouis‹ schmückte diesen Bereich, auch der einjährige Schlafmohn *Papaver somniferum* ›Lauren's Grape‹ war weit verbreitet und säte sich aus, wo er Platz fand – auch eine Sorte, die wir zum ersten Mal in Hadspen entdeckten und die mir seitdem Gesellschaft leistet. Die Blütezeit ist nicht sehr lang, aber nach der Blüte schmücken die verspielten, kugelförmigen Samenkapseln im Herbst die Beete und sind in den Wintermonaten bei den Vögeln sehr beliebt, die kleine Löcher in Kapseln bohren und sich die Samen holen.

Frühjahrsunterbepflanzung der Apfelbäume mit Schattenliebhabern

Nicht nur die Bepflanzung des Präriegartens unterschied sich von der des übrigen Gartens, auch gestalterisch hatte er eine ganz andere Anmutung. Dank des Weges, der nicht mehr schnurgerade verlief, sondern plötzlich einen Bogen machte und dann quer durch den Garten führte, bekam der Garten ganz andere Proportionen. Von der Gartenpforte an der Straße über das Herz und den Nutzgarten war alles an der Längsachse ausgerichtet – ab hier ging es nun in die Breite des Grundstücks. Markiert wurde dieser Übergang von den beiden Apfelbäumen. Sie bildeten eine Grenze zwischen dem Hauptgartenteil des Stauden- und Nutzgartens und dem hinteren Garten mit seiner Präriepflanzung und schlossen die beiden Gartenräume jeweils in sich ab.

Da die Bäume auf der Südseite standen, entstand unter ihnen ein wertvoller kleiner Schattenbereich, was ich als Liebhaberin von Schattenstauden gerne nutzte.

Für den Ertrag von Obstbäumen ist es grundsätzlich sinnvoller, sie nicht zu unterpflanzen, um unnötige Konkurrenz um Nährstoffe und Wasser zu vermelden, doch für uns beide trugen die Bäume auch so noch genug Äpfel.

Vor allem im Frühjahr sollte der Bereich schön bewachsen sein, danach dürften die Stauden gerne einziehen oder sie sollten robust genug sein, um die Ernteaktivitäten im Spätsommer zu uberleben.

Im Frühjahr läuteten kleine Zwiebeln, Balkanwindröschen und Buschwindröschen, die Saison ein, und von Jahr zu Jahr bildeten sich dichtere Bestände. Die Symphonie in Blau setzte sich mit Lungenkraut fort. *Pulmonaria saccharata* ›Ocupol‹ ist mein Lieblings-Lungenkraut. Die zart porzellanblauen Blüten sind immer wieder eine Freude, wenn sie mich zu Saisonbeginn begrüßen. Andere frühlingsblaue Schätze folgten: Das Frühlings-Nabelnüsschen *Omphalodes verna*, auch »Gedenkemein« genannt, hat leuchtend blaue Blüten, ähnlich dem Kaukasus-Vergissmeinnicht. Es gibt nur wenige Stauden, deren Blüten ein so schönes, intensives Blau haben, und es passte perfekt zu dieser erfrischenden Mischung aus weiß-grün-blauen Pflanzen.

Obwohl ich die Spontaneität der einjährigen Vergissmeinnicht mag, hat das Kaukasusvergissmeinnicht *Brunnera macrophylla* ›Jack Frost‹ ein Plätzchen bekommen. Er ist ein zuverlässiger Stammgast, dessen attraktiv silbrig panaschierte Blätter auch nach der Blüte noch lange schön bleiben. Heutzutage würde ich eher ›Silver Heart‹ pflanzen, weil das herzförmige, silbern gemusterte Laub länger schön bleibt als bei anderen Brunnera-Sorten. Für Weißliebhaber gibt es die weißblühende Sorte ›Mr. Morse‹, die natürlich in Kombination mit dem silbernen Blatt besonders interessant ist.

Auch mehrere hellblaue *Viola cornuta*, die Wildform der Hornveilchen, die sich in der kalten Jahreszeit als Kübelpflanzen großer Beliebtheit erfreuen, waren in der Pflanzung verstreut. Falsche Alraunen, *Tellima grandiflora*, sorgten für Struktur und Höhe unter den Bäumen, und die etwas höheren Blüten halfen, das müde Laub der Frühlingshelden zu kaschieren.

Damit es am Ende des Sommers nicht völlig verwahrlost aussah, gab es einige kleine späte Highlights wie die Weiße Sommer-Wald-Aster *Aster divaricatus* mit ihren zahlreichen kleinen weißen Blüten auf dunklen braunschwarzen, feinen Stielen. Im Spätsommer erlebten wir jedes Jahr wieder die gleiche Überraschung: die feuerroten Beeren des Aronstabs. Da sich diese einheimische Pflanze von selbst angesiedelt hatte und im Frühjahr, wenn sie blüht, nicht sehr auffällig ist, hatte ich sie nicht wirklich auf dem Radar gehabt – bis plötzlich die leuchtenden Beeren da waren. Dasselbe gilt für die Stinkende Schwertlilie: *Iris foetidissima*. Diese einheimische, schattenliebende Staude mit den zähen, dunkelgrünen Blättern blüht eher bescheiden im Frühsommer. Es gibt größere Farbvariationen, aber die meisten sind etwas müde, blasslila und cremegelb. Die Sorte ›Citrina‹ hat ein frischeres Gelb und etwas mehr Leuchtkraft. Aber wie beim Aronstab sind die leuchtend orangeroten Früchte im Herbst das Highlight. Das wintergrüne Laub ist auch sehr wertvoll. Für den Bereich direkt hinter den Apfelbäumen habe ich mich für eine frühsommerblühende Anemone entschieden, damit sie zur Apfelernte bereits verblüht ist. *Anemone sylvestris* oder Großes Wald-Windröschen blüht im Mai/Juni und wird bis zu vierzig Zentimeter hoch. Wie ein großes Buschwindröschen breitet sich diese Sorte aus und produziert strahlend weiße Blüten mit gelber Mitte.

Gerade als wir die Fläche neu bepflanzten, gab es eine neue Eisenhutsorte, die für viel Aufregung sorgte und gleich als größere Gruppe neben diesen Anemonen einen Platz bekamen: *Aconitum* ›Stainless Steel‹. Dieser frühsommerblühende Eisenhut hat eine hellblaue Blüte, die aus der Nähe betrachtet weiß und in verschiedenen blau-violetten Schattierungen erscheint. Die Gesamtwirkung ist nicht weit von einem Graublau entfernt.

Wildobst

Außer den beiden Apfelbäumen gab es noch die drei alten Holunderbäume an der Gin-&-Tonic-Terrasse und einen charaktervollen hinter dem Komposthaufen. Zu diesen schönen alten Gehölzen haben wir einen jungen Kornelkirschbaum gepflanzt. Kornelkirschen stehen bei mir ganz oben auf der Liste der beliebten Frühblüher. Im Winter sieht man an den dünnen Zweigen kleine runde Kugeln, die Blütenknospen, die meist schon im März mit einem Büschel kleiner, zarter, schwefelgelber Blüten zu blühen beginnen. Sie blühen noch vor den Forsythien, und zwar in einem viel dezenteren Gelb. Ich stelle immer wieder fest, dass zur Forsythienblüte kaum Grün in der Landschaft ist. Das intensive Gelb ihrer Blüten wirkt dann viel zu grell. Der Rat, dass man die Rosen zur Forsythienblüte schneiden soll, ist übrigens eigentlich falsch. Bis dahin sind die Rosen schon zu weit ausgetrieben; ein paar Wochen früher, zur Zeit der Kornelkirschenblüte, wäre besser.

Ich mag diese Pflanzen nicht nur wegen ihrer zarten, frühen gelben Blüten und ihrer guten Herbstfärbung; mein großes Interesse gilt den roten, länglichen, kirschähnlichen Früchten, die ich zu meinem Lieblingsgelee verarbeite.

Im Spätfrühling, wenn die Landschaft endlich ihr sattes, leuchtendes Grün von dem frischen Austrieb der Bäume und Sträucher bekommen hat und die Wiesen saftig grün sind, öffnen sich die herrlich duftenden weißen Blütenschirme der Holunderblüten. Um uns herum in der weiteren Landschaft waren die Hecken weiß von Holunder und Weißdorn und es war schön, diese Pflanze aus der Landschaft in den Garten zu holen.

Der Holunder hat in vielen Ländern eine lange Tradition. Für viele schützt er das Haus und darf nicht entfernt werden. Wir wollten keine bösen Geister wecken und haben die vier Sträucher wachsen lassen, wie sie wollten. Nur im Frühsommer haben wir uns erlaubt, einige der Blütendolden für Holunderblütensirup zu ernten, und im Herbst, die Beeren zu entsaften.

Rückschnitt und Frühjahrsputz am Ende des Winters

Der Präriegarten war immer der letzte Bereich, der am Ende des Winters aufgeräumt wurde. Meistens konnten wir erst Ende März oder Anfang April mit dem Rückschnitt und dem Frühjahrsputz beginnen. Kurz nach Weihnachten fingen wir mit dem Vorgarten an, da es mir wichtig war, dass er ab Januar, wenn die ersten Frühblüher ihre Nasen aus der Erde streckten, frisch und frühlingshaft aussah. Von dort aus haben wir uns langsam nach hinten gearbeitet.

Der späte Rückschnitt hatte mehrere Vorteile. Erstens waren die zahlreichen Insekten und anderen Tiere, die in diesem Bereich ihr Winterquartier hatten, bis zu diesem Zeitpunkt wieder ausgezogen, so dass sie nicht gestört wurden. Bis dahin waren alle Stauden schon recht »knusprig« und trocken, so dass der Rückschnitt eher ein Abbrechen und Kleinbrechen als ein mühsames Abschneiden und Kleinschneiden war – das geht viel schneller, als alles von Hand zu schneiden. Inzwischen trieben alle Stauden aus, so dass man gut sehen konnte, wo Lücken waren, wo also eventuell etwas nachgepflanzt werden musste. Da es in diesem Bereich nur wenige Zwiebeln gab, hatte man ein klares Bild von der Struktur der Pflanzung. Dem späten Jäten und Aufräumen folgte eine schnelle Vegetationsentwicklung. Das hatte zur Folge, dass es relativ wenig Unkraut gab, da die Pflanzen keine Zeit hatten, sich zu etablieren, bevor die Laubdecke wieder zuwuchs. Die gesamte Fläche erhielt für das ganze Jahr nur diesen einen Frühjahrsputz. Bis zum Frühsommer war die Bepflanzung so dicht, dass ich einfach nicht durchkam, ohne alles zu zerstören. So wurde das Beet einfach in Ruhe gelassen und die eine oder andere Brennnessel oder anderes Unkraut konnte sich ein paar Monate unbemerkt austoben, bevor sie im nächsten Frühjahr wieder entfernt wurde.

Durch das entspannte Gärtnern im hinteren Teil des Gartens gab es durchaus einige Ecken mit Quecken und Brennnesseln, die auch auf der anderen Seite

Gute Strukturen waren besonders in den Wintermonaten wichtig. Das Garten-Reitgras und die Schafgarben-Margerite waren zwei besonders wichtige Strukturpflanzen, deren Silhouette das Winterbild stark prägten.

des Stacheldrahtes in der Wiese wuchsen. Nach dem Rückschnitt im Frühjahr war der Übergang vom Garten zur Wiese fließend und erlaubte es dem Blick, einfach weiter über die Wiese zu wandern, auf der Suche nach den Pferden. Andersherum konnte so auch das Leben der Wiese in den Garten einziehen. Nicht nur die Brennnesseln waren wichtig, auch die Stauden bekamen kleine Untermieter. Immer wieder fand ich beim Aufräumen im Frühjahr am Fuß der Stauden Reste von kleinen Nestern, in denen Feldmäuse oder andere Kleintiere überwintert hatten. Das nahm ich als großes Kompliment von Mutter Natur, sie zeigte uns so, dass wir den Garten über die Jahre richtig behandelt hatten.

III. Der Natur Raum geben – Umgang mit Ressourcen, Tieren und Pflanzen und nachhaltige Pflege

Bei Cottage-Gärten geht es mehr um das Gärtnern an sich, die Vielfalt und die Ernte als um die Gestaltung (wobei unser Cottage-Garten da zugegebenermaßen etwas untypisch war). Eine gute, durchdachte Struktur ist in jedem Garten wichtig, aber die Art der Bepflanzung und Pflege machen einen großen Teil des Charakters und der Nachhaltigkeit eines Gartens aus. Das ist kein Hexenwerk, kein wissenschaftliches Unterfangen, aber es hat viel mit gesundem Menschenverstand und Bauchgefühl zu tun.

Das perfekte Gartenbild

Es geht vor allem darum, unsere Erwartungen zu hinterfragen. Durch Gartenbücher und -zeitschriften haben wir uns daran gewöhnt, perfekte Gärten zu sehen, und viele streben diese Perfektion an. In Wirklichkeit gibt es keinen Garten, der das ganze Jahr über so makellos ist, wie er dargestellt wird. Der Gärtner oder Besitzer hat sich in den Tagen vor dem Fotoshooting sicher viel Mühe gegeben. Der Fotograf hat sich die beste Jahreszeit ausgesucht, um den Garten zu fotografieren, die beste Uhrzeit und das beste Sonnenlicht abgewartet. Er nutzt die frühen Morgenstunden bei Sonnenaufgang und die späten Nachmittags- oder Abendstunden kurz vor Sonnenuntergang, wenn das Licht besonders weich und golden ist. Wir sehen auch nicht, was der Fotograf nicht fotografiert hat, was er aus seinem Bild ausgelassen hat. Er nimmt nur einen Ausschnitt von der Realität.

Wir hatten oft Fotografinnen und Fotografen wie Howard Sooley, Marianne Majerus oder Nicola Browne zu Besuch, meistens zu einer Uhrzeit, zu der ich

Ein Garten lässt sich am schönsten fotografieren, wenn er in weiches, warmes Licht gebadet ist, also kurz nach Sonnenaufgang oder kurz vor Sonnenuntergang. Die letzten Sonnenstrahlen beleuchten die Federn des Buschknöterichs und die Spitzen des Kandelaber-Ehrenpreis ›Lavendelturm‹. Mit nachlassendem Tageslicht verschwindet der Muskatellersalbei.

noch tief und fest schlief. Als der Fotograf Andrew Lawson da war, erwachte ich zum Schnipp-schnapp der Gartenschere, da er noch schnell die gerade verblühten Rosen entfernte und den Gartenschlauch aufrollte, der noch auf dem Weg lag, bevor er mit seiner Arbeit begann.

All die problematischen Stellen, die nur wir kannten, waren auf diesen Bildern nie zu sehen.

Die Generation unserer Eltern und Großeltern hat uns auch vorgelebt, wie man gärtnert. Wie ordentlich und sauber der Garten sein sollte. Das merkte man auch unserem Garten an, als wir ihn 1993 übernommen haben. Er war das, was man unter ordentlich verstand: unkrautfrei, kein Blatt, das nicht in Reih und Glied stand. Natur hatte in diesen Gärten keinen Platz. Sie galt als Störfaktor, der unbedingt unter Kontrolle gehalten werden musste.

Gärtnern war wie ein ewiger Kampf – gegen das Unkraut und das Ungeziefer. Das war kein freudvolles Gärtnern, sondern harte Arbeit. Der Rasen wurde gepflegt, gedüngt, gekalkt, gemäht, vertikutiert, geharkt. Mit einem Spindelmäher wurden schöne, gerade Streifen gemäht. Das Unkraut wurde vernichtet, der Wurm, der Maulwurf und andere vermeintliche Schädlinge getötet und entsorgt. Unkraut auf Terrassen und Wegen wurde herausgekratzt, sie wurden gefegt und geharkt.

Es gibt zwar immer noch Menschen, für die ein Garten ein perfekt aufgeräumter, sauberer Raum sein sollte, aber zum Glück sind das nur noch sehr wenige.

Toleranz

Wir haben gelernt, toleranter zu werden. Unkraut ist kein »Un-Kraut«, sondern einfach eine Pflanze am falschen Ort. Auch Brennnesseln verdienen ein Plätzchen, und gerade die frühen kleinen Wildkräuter wie das Scharbockskraut verdrängen mit ihrem frühen Erscheinen nicht die Gartenpflanzen und verschwinden schnell wieder und sind eine wertvolle frühe Futterpflanze mit Pollen und Nektar für die geflügelten Mitbewohner.

Das Scharbockskraut ist ein schönes Beispiel für ein Wildkraut, das bei vielen Gartenbesitzern auf der »Schwarzen Liste« steht. Die kleine Pflanze mit den glänzenden, leuchtend gelben Blüten zieht sich nach der Frühjahrsblüte wieder in die Erde zurück. Dort ruhen die kleinen Rhizome dicht unter der Erdoberfläche bis zum nächsten Frühjahr. Sie ganz zu entfernen ist fast unmöglich: Ein Teil der Rhizome bleibt immer in der Erde. Statt sich zu ärgern, sollte man sich einfach an den fröhlichen kleinen Frühlingsboten erfreuen, die zu Beginn der Saison die Erde bedecken, bevor die anderen Pflanzen loslegen.

Viele einjährige Wildkräuter wie Scharbockskraut oder Ruprechtskraut sind so manchem Gärtner ein Dorn im Auge, allerdings können diese eher harmlosen Pflanzen auch einen positiven Beitrag leisten.

»Editing«

Wildkräuter zu tolerieren heißt nicht, den Garten zu vernachlässigen. Ganz im Gegenteil: Die Hand des Gärtners darf nicht ruhen. Das englische Wort »Editing« – von »to edit«, was die redaktionelle Arbeit an Texten beschreibt und so viel heißt wie »über-/bearbeiten« oder »aufbereiten« – beschreibt es so treffend. Gemeint ist das selektive Entfernen und eventuell Umpflanzen von Sämlingen, das behutsame Manipulieren der Vegetation, um ein bestimmtes Bild zu erzeugen, das von Jahr zu Jahr anders sein wird. In meinen Beeten habe

Selbstausgesäte Jungfer im Grünen mischten sich mit Butterblumen – eine ungeplante, bezaubernde Kombination, die für die Saison stehenbleiben durfte.

ich festgelegt, welche Pflanzen wohin kommen, aber wenn sich Sämlinge an einer Stelle entwickeln, die mir gefällt, dürfen sie bleiben. Die, die an der falschen Stelle wachsen, werden umgepflanzt oder entfernt. Wo es zu viele gibt, wird ausgedünnt. Das Schöne an dieser Art des Umgestaltens ist nicht nur, dass sich der Garten ständig verändert und keine zwei Jahre hintereinander gleich aussieht, sondern auch, dass sich die Pflanzen dort ansiedeln, wo sie sich wohlfühlen und dadurch viel weniger Pflege benötigen, als wenn ich sie an einem vielleicht nicht optimalen Standort platziert hätte.

Je näher am Haus, desto intensiver darf der Garten gepflegt werden, schließlich fällt einem da jede wuchernde Rasenkante und jedes Unkraut mehr ins Auge, aber zur Grundstücksgrenze hin darf man ohne schlechtes Gewissen loslassen. Es macht keinen Spaß, am Zaun im Beet zu wühlen, wenn dahinter der Nachbar seine Würstchen grillt oder die Kinder auf dem Trampolin springen. Da passt es gut, unter den Gehölzen anspruchslose, pflegeleichte Bodendecker zu haben, die nicht nur dafür sorgen, dass kaum Unkraut gejätet werden muss und viel mehr Feuchtigkeit im Boden bleibt, sondern auch ruhige Ecken bilden, in denen sich die Gartenbewohner ungestört aufhalten können.

Unkraut

Unkräuter sind Pflanzen, die von selbst am falschen Ort wachsen. In aller Regel sind schlicht Wildkräuter gemeint, wenn von »Unkraut« gesprochen wird, weshalb es heute als »politisch inkorrekt« empfunden wird, eine Pflanze derart verunglimpfend zu kategorisieren. Es können kleine einjährige Wildkräuter sein, wie das Behaarte Schaumkraut oder die Vogelmiere, es können mehrjährige Wildstauden sein, die sich vereinzelt ausbreiten, wie der Löwenzahn, oder solche, die sich vegetativ ausbreiten, dank eines Wurzelgeflechts, das Ausläufer bildet, wie Giersch, Winden oder Quecken. Doch nach meiner Erfahrung kommt es durchaus auch vor, dass zunächst erwünschte Gartenpflanzen zu »Un-Kräutern« werden. In meinem und auch in anderen Gärten habe ich schon Pflanzen erlebt, die mit der Zeit den ganzen Garten übernommen haben. Die einst so entzückende Jungfer im Grünen hat Stauden verdrängt, ganze Kräuterbeete wurden von Minze und Zitronenmelisse überwuchert, und die ausläuferbildende Rose ›Charles de Mills‹ hat meine Rabatte eingenommen.

Viele einjährige Pflanzen sind jedoch harmlos. Sie wachsen und blühen früh in der Saison und nutzen das Licht und den Platz, bevor ihre Nachbarn sich ausbreiten. Oft sind es Pflanzen, die für bestimmte Insekten wichtig sind. Ihnen gegenüber bin ich ziemlich tolerant. Es gibt ein paar Ausnahmen: Das Drüsige Springkraut beispielsweise, das als hübsche Gartenpflanze aus Indien nach Europa gebracht wurde, hat sich schnell in weiten Teilen Europas ausgebreitet und stellt mit seiner schnellwachsenden, dichten Blattmasse eine Bedrohung für die einheimische Flora dar. Die meisten Einjährigen lassen sich aber gut unterdrücken, wenn die Beete mit einer dauerhaften Schicht wintergrüner Bodendecker wie Elfenblume oder Immergrün bedeckt sind. Und dann kommt es immer auch auf die Region an: Der rasche Temperaturanstieg im

Berliner Frühsommer beispielsweise sorgt auch dafür, dass sich die Stauden schneller entwickeln als im kühleren englischen Frühjahr, so dass das Unkraut rechtzeitig verdrängt wird.

Unter den mehrjährigen Unkräutern gibt es einige, die sehr lästig sind, vor allem, wenn sie sich über viele Jahre im Garten ungehindert ausbreiten konnten und nach der Blüte reichlich Samen produziert haben.

Langfristig ist es möglich, Unkräuter zu vertreiben, indem man sie schwächt und ihnen die Nahrungsquellen entzieht. Das Abdecken von Bodenflächen mit schwarzer Folie oder Pappe verhindert, dass die Pflanzen Licht bekommen, und macht die Photosynthese unmöglich. Es hilft auch, das austreibende Laub immer wieder zurückzuschneiden und möglichst viele Wurzeln mit einer Gabel statt mit einem Spaten zu entfernen – um wirklich die ganze Wurzel herauszuziehen, statt sie in kleine Stücke zu zerhacken. Langfristig wird das die Pflanze in die Defensive bringen. Der beste Zeitpunkt für einen Großangriff ist übrigens zu Beginn der Blühphase: Wenn die Pflanze ihre ganze Energie in die Blütenproduktion legt, sind ihre Wurzeln am geschwächtesten.

Mit etwas Geduld kann man sogar die Quecke loswerden, indem man die weißen Wurzeln vorsichtig mit einer Grabegabel ausgräbt. Auch Giersch kann entfernt werden, solange seine Wurzeln noch nicht vollständig mit den Wurzeln von Gehölzen verwachsen sind. In den folgenden ein bis zwei Jahren sollte man immer sofort eingreifen, wenn die Pflanze irgendwo auftaucht. Dann sind die kleinen Wurzelstücke noch leicht zu entfernen. Nach einer gründlichen Säuberung des betroffenen Beetes empfiehlt es sich, vorsichtshalber noch ein Jahr lang Gründüngung oder eine einjährige Blumenwiese anzusäen, um sicher zu sein, dass das Unkraut vor einer dauerhaften Neubepflanzung wirklich keine Chance hatte, wiederzukommen.

In alten Gärten, die eine Zeit lang vernachlässigt wurden, hat sich oft ein beachtlicher Samenvorrat im Boden angesammelt, so dass selbst bei gründlichem Jäten immer wieder neuer Nachwuchs entsteht. Der Balkan-Storchschnabel *Geranium macrorrhizum* ›Czakor‹ und die Elfenblume *Epimedium x versicolor* ›Sulphureum‹ sind besonders gut zur Bekämpfung von Giersch geeignet. Mit diesen beiden effektiven Bodendeckern lässt sich das Problem vielleicht nicht vollständig beseitigen, aber doch zumindest stellenweise in den Griff bekommen.

Sauberkeit und der natürliche Reinigungszyklus

Mein Onkel, bei dem ich als Kind oft die Samstagnachmittage verbrachte, gehörte noch zur alten Schule der Gartenbesitzer. Da durfte ich ein schönes Muster in die Wege harken, die Hecken wurden regelmäßig geschnitten, damit sie in Reih und Glied standen, und im Herbst wurde alles Laub, das sich irgendwo in den Garten verirrt hatte, ordentlich zusammengeharkt. Wenigstens wurde es nicht verbrannt, sondern auf große Laubhaufen geworfen, wo es langsam verrottete, aber nie wieder den Weg zurück in den Garten fand. Um das Haus herum gab es mit Hecken eingefasste Beete. Ich erinnere mich nur an die nackte Erde, die die wenigen Pflanzen umgab. Bis auf eine kleine Ecke, in der ein paar Dahlien standen, erinnere ich mich an keine Pflanze, keine Farbe, keine Blüte, nur an die saubere, nackte graue Erde.

Die Putztruppe der Natur

Im Haus ist es zwar ratsam, regelmäßig den Staub mit seinen Milben und anderen unsichtbaren Organismen zu entfernen, zu wischen, um potenzielle Krankheitserreger zu beseitigen, aber im Garten sind diese unauffälligen Mitbewohner sehr wichtig. Sie sorgen dafür, dass sich unsere Pflanzen ernähren können. Sie sind es, die aufräumen und sauber machen, wenn auch nicht so schnell und ordentlich, wie wir es vielleicht gerne hätten.

Dieser Reinigungsdienst besteht aus mehreren Schritten: Die Zerkleinerer kümmern sich um das abgestorbene Pflanzenmaterial wie abgefallene Blätter, verfaulte Blüten, nicht aufgelesene Früchte, Totholz. Regenwürmer kennt jeder aus dem Garten, aber auch z. B. Kellerasseln gehören zu dieser Schicht, ebenso wie viele Käfer und Schnecken. Nicht alle Schnecken haben es auf Dahlien, Salatpflanzen oder Funkien abgesehen. Die meisten wollen nur die Reste dieser und anderer Pflanzen. Das organische Material in den Ausscheidungen dieser Mitbewohner wird dann von Mineralisierern wie Pilzen und Bakterien in anorganische Stoffe wie Nitrat oder CO_2 umgewandelt. Die Geschwindigkeit dieses Prozesses hängt nicht nur von der Art des Materials ab, sondern auch von Temperatur und Feuchtigkeit und natürlich von der Menge der vorhandenen Organismen. In einem tropischen Regenwald verläuft der Kompostierungsprozess wesentlich schneller als in einem nordeuropäischen Mischwald.

Zahlreiche Organismen sorgen dafür, dass totes Pflanzenmaterial irgendwann wieder von allein verschwindet. Eine Blume oder ein Blatt können innerhalb einer Saison weg sein, bei einem Baum braucht es mehrere Jahre, bevor aus dem einst mächtigen Baumstamm wieder Nährstoffe für die nächste Generation zur Verfügung stehen.

Pilze sind ebenfalls wichtige Mitarbeiter. Für viele Menschen sind Pilze nur etwas, das man eventuell essen kann, andere assoziieren sie mit Krankheiten wie verschiedenen Arten von Mehltau oder Rost. In Wirklichkeit sind Pilze sehr wertvolle Lebewesen, die wir noch nicht ganz verstehen, die aber für das Wohlergehen unserer Pflanzenwelt äußerst wichtig sind. Sie sind keine Pflanzen und auch keine Tiere, obwohl sie der Tierwelt wahrscheinlich näher stehen als der Pflanzenwelt. Was wir wissen, ist, dass Pflanzen auf Pilzmyzelien angewiesen sind. Sie benutzen sie, um zu kommunizieren und sich zu ernäh-

Frühlingsputz: Erst ab Ende Februar wurden die letzten alten Staudenstängel zurückgeschnitten.

ren. Sie haben eine viel größere Reichweite als Pflanzenwurzeln und finden Grundwasser und sogar Mineralien, wo Pflanzen längst aufgegeben haben. Da sie kein Chlorophyll besitzen und keinen Zucker verwerten können, nehmen sie Zucker von Pflanzen im Austausch für Wasser und Nährstoffe. So wachsen neu gepflanzte Pflanzen unter Zugabe von Mykorrhizen viel schneller und sind besser gegen Trockenperioden gewappnet.

Anstatt den Garten aufzuräumen, den Boden zu säubern und alles organische Material zu entfernen, sollte man genau das Gegenteil tun: Ihm das vorhandene Material möglichst lassen. Die Natur regelt das von selbst. Was man entfernt, sollte man kompostieren, damit es später wieder in den Boden zurückkehren kann, um den Kreislauf zu schließen, egal ob es sich um kompostierten Grünschnitt oder verrottetes Laub handelt.

Kompostieren

Die Natur produziert keinen Müll; sie hat schon vor langer Zeit ihr eigenes, sehr effizientes Recyclingsystem entwickelt. Gartenabfälle – auch das Herbstlaub, über das sich so viele Menschen ärgern – sollten nicht zum Wertstoffhof gefahren werden, sondern im Garten zu Kompost verarbeitet werden, um dem Boden das zurückzugeben, was die Pflanzen während der Vegetationsperiode aufgenommen haben. Kompostieren ist einfach, wenn man einige Regeln beachtet. Darüber, wie man am besten Kompost macht, könnte man ewig diskutieren. Jeder hat sein Rezept, seine ganz eigene Methode. Solange am Ende schöne, schwarze, krümelige Erde herauskommt, hat man es richtig gemacht. Sie darf nur nicht schleimig sein oder stinken.

Was kommt bei mir auf den Kompost? Alle rohen Obst- und Gemüseabfälle aus der Küche, auch Teeblätter, Kaffeesatz und Eierschalen. Keine Fleisch-, Fisch- oder Milchprodukte, keine gekochten Speisen. Aus dem Garten können Sie alles hinzufügen, was draußen gewachsen ist, außer den Wurzeln von mehrjährigen Unkräutern mit invasiven Wurzelsystemen und den verblühten oder verwelkten Blüten und Samen von Unkräutern und anderen potenziell problematischen Pflanzen – sie gehören in die Biotonne. Am besten reift Kompost, der wie eine Lasagne aufgebaut ist: sich abwechselnde Schichten aus klein gehäckseltem Holzmaterial und weichem Grünmaterial wie Staudenschnitt oder auch dünne Schichten aus Gras, Laub und sogar Kiefernnadeln. Klein geschnittenes oder gehäckseltes Material kompostiert schneller. Bei größeren Mengen lohnt es sich, einen Häcksler zu mieten.

Gehölze, die zu dick sind, um sie mit der Gartenschere zu schneiden, kann man auch als Rankhilfen nutzen, als Brennholz, oder man schichtet mit ihnen eine Totholzhecke auf in einer ruhigen Ecke des Gartens, als wertvolles Habitat für kleine Mitbewohner.

Ich habe immer zwei Komposthaufen: einen ruhenden, quasi »vollen« und einen im Aufbau befindlichen, auf den das aktuell anfallende Material kommt.

Das Gold der Gärtner: Das Wertvollste, was jeder Gärtner tun kann, ist, aus seinen Grünabfällen Kompost zu machen und diesen anschließend wieder auf die Beete aufzubringen.

Der zunächst Ruhende wird im Herbst auf die Beete verteilt, und auf die freie Fläche bzw. in die freigewordene Komposttonne wird der andere umgeschichtet, damit er sich gleichmäßig zersetzen kann. Je öfter man Kompost wendet, desto schneller geht die Kompostierung vonstatten, aber dafür habe ich nie Zeit. Mein Lieblingsmaterial zum Bau von Komposttonnen ist Holz, das isoliert und schützt und erhöht dadurch die Temperatur im Innern des Komposts. Wärme beschleunigt den Prozess der Kompostierung, wodurch Keime und Samen abgetötet werden. Während extremer Trockenperioden oder wenn der

Haufen an einem Ort steht, an dem es nicht hineinregnen kann, ist es wichtig, von Zeit zu Zeit den Gartenschlauch auf den Haufen zu richten, damit genügend Feuchtigkeit vorhanden ist.

Der Herbst ist eine gute Zeit für die Bodenpflege. Das Ausbringen einer dünnen Schicht organischen Materials trägt zur Gesunderhaltung des Bodens bei. Es fördert die Aktivität der Bodenorganismen, die für eine gute Bodenstruktur und die Freisetzung wertvoller Nährstoffe sorgen, was wiederum gesunde Pflanzen garantiert. Wir haben unseren selbst hergestellten Kompost hauptsächlich auf unsere Gemüsebeete aufgebracht. Wir kippten ihn einfach schubkarrenweise in die Mitte der Beete, den Rest überließen wir den Hühnern, die den ganzen Winter über damit beschäftigt waren, Samen und Insekten aus dem Kompost zu scharren. Bis zum Frühjahr war der Kompost über das ganze Beet verteilt und schön sauber. Wer keine Hühner hat, verteilt das Material einfach mit der Hand oder dem Rechen.

Rhododendren und anderen Pflanzen, die einen niedrigen pH-Wert benötigen, kann man einen besonderen Gefallen tun, indem man Kiefer- oder Tannennadeln als Mulch unter die Pflanzen streut. Andere Gehölze freuen sich über eine Schutzschicht aus Laub oder verrottetem Laubkompost.

Laub

Ich lasse das meiste Laub an Ort und Stelle unter den Bäumen liegen, auch die Eichenblätter. Es wird einige Jahre dauern, bis es vollständig abgebaut ist, aber es gibt dem Boden die Nährstoffe zurück, die die Pflanze braucht. Sie bilden eine Schutzschicht, die den Boden vor dem Austrocknen bewahrt und von vielen wertvollen Insekten, Bakterien, Pilzen und anderen wichtigen Organismen bewohnt wird. Unerwünschte Insekten fördern die Nahrungssuche von Vögeln, z. B. von Amseln, die in Ihrem Garten nach Futter suchen. Nur das Rosskastanienlaub sollte gesammelt und am besten in die Biotonne gegeben werden, um die darin überwinternden Larven der Rosskastanienminiermotte abzutöten. Bei der professionellen Kompostierung großer Mengen Grünabfälle werden in der Regel dafür ausreichend hohe Temperaturen erreicht. Statt auf den Laubhaufen können die juglonhaltigen Blätter der Walnuss als natürliches Herbizid auf Flächen ausgebracht werden, auf denen die Keimung von Unkraut verhindert werden soll.

Es gibt nur zwei Bereiche, die ich im Herbst laubfrei halte: Es ist wichtig, den Rasen regelmäßig zu harken. Wenn das Laub in Haufen liegen bleibt, leidet der Rasen, ähnlich, wie wenn im Winter eine dicke Schneedecke über längere Zeit alles abdeckt. Durch den Licht- und Sauerstoffmangel können Pilze entstehen, die den Rasen schädigen und kahle Stellen verursachen.

Auch Terrassen, Treppen und Wege sollten aus mehreren Gründen von Laub befreit werden: Wo sich Laub ansammelt, bleibt es feucht und Moos und Algen siedeln sich an, was zu Rutschgefahr führt. Auf Natur- oder Klinkersteinen bilden sich dunkle Flecken, Holzoberflächen verrotten. Auch rein optisch ist es ansprechender, wenn die Struktur des Gartens klar »lesbar« ist. Wenn die scharfen Konturen von Wegen und Terrassen in dem chaotischen Laubteppich gut zu erkennen sind, zeigt dies dem Betrachter, dass das Laub absichtlich liegen gelassen wurde, und es entsteht nicht der Eindruck, dass der Garten aufgegeben wurde.

Auch wenn wir nur selten gedüngt haben, bekamen die Rosen im Frühjahr ein Häufchen abgelagerten Mist. Meist war es Pferdemist, den wir auf der Koppel am Ende des Gartens gesammelt haben.

Kleine Laubmengen können in Schichten auf dem Komposthaufen verteilt werden, der Rest sollte auf separaten Laubhaufen kompostiert oder in abbaubaren Säcken gesammelt werden, wo es sich nach und nach zersetzen und dann als wertvoller Bodenverbesserer für zukünftige Pflanzaktionen genutzt werden kann.

Düngen

Auf unserem schweren nährstoffreichen Lehmboden in Coleshill haben wir nur wenig gedüngt. Bei der Neupflanzung bekamen mit wenigen Ausnahmen alle Pflanzen – auch die Stauden – Knochenmehl und Kompost, aber der meiste Kompost wurde auf die Gemüsebeete verteilt. Im zeitigen Frühjahr gab ich etwas Pferdemist vom Nachbarfeld an den Fuß unserer Rosen. Mehr brauchten sie nicht, um gesund zu wachsen und gut zu blühen. Im Laufe der Saison habe ich im Gemüsegarten bei Bedarf einen Algendünger als Blattdünger verwendet, obwohl ich auch immer wieder mal Brennnessel- oder Beinwelljauche angesetzt und ausgebracht habe.

Mulch

Zur Gesunderhaltung und Pflege des Bodens gehört auch das Bedeckthalten der Bodenoberfläche. Das verhindert Erosion, Wasserverdunstung und das Keimen unerwünschter Unkräuter. Wo immer möglich, sollte der Boden entweder mit einer Vegetationsdecke oder mit Mulch (organisch oder mineralisch) bedeckt werden. Als Mulchmaterial gibt es Kompost, Nadel- und Laubkompost, die man selbst herstellen kann (und sollte!). Darüber hinaus gibt es eine Reihe anderer Materialien, die oft als Nebenprodukt in der Industrie anfallen: Rindenmulch wird häufig als gutes Mittel gegen Unkraut angepriesen – und wird deshalb aber leider schon auch mal mit zusätzlichen Pestiziden behandelt. Sehr oft handelt es sich um frisch gehäckseltes Holz, das eventuell braun gefärbt wurde, damit es nicht mehr so »frisch« aussieht. Es verbraucht in der ersten Abbauphase Stickstoff, den es aus dem Boden zieht, und enthält meist viele Gerbstoffe, die Unkräuter nicht mögen, aber leider auch Ihre Pflanzen nicht. Rindenmulch ist also nützlich, um Unkraut zu bekämpfen, aber Gartenpflanzen mögen es nicht, wie Unkraut behandelt zu werden. Im Gegenteil.

Unsere Staudenbeete im Vorgarten haben wir einige Jahren lang mit Kakaoschalen gemulcht, wodurch der Garten wochenlang herrlich nach Schokolade duftete. Die Schalen der Kakaobohne sind sehr leicht und also gut zu transportieren, das macht das Produkt interessant für Gärten, an die man nicht so leicht rankommt, wie in unserem alten Berliner Innenhof, wo alles durch die Wohnung getragen werden musste. Am Anfang ist der Schokoladengeruch ziemlich intensiv, was manche Menschen toll finden. Für Hundebesitzer ist es keine gute Lösung, weil Schokolade für Hunde ungesund ist.

Der richtige Standort

Gerade jetzt, wo die Pflanzen aufgrund des sich verändernden Klimas vor zusätzlichen Herausforderungen stehen, ist es wichtig, ihnen das Leben so leicht wie möglich zu machen. Eine Auswahl von Pflanzen, die an den Standort angepasst sind, macht das Gärtnerleben auf lange Sicht viel einfacher, denn glückliche Pflanzen sind pflegeleicht. Sie werden widerstandsfähiger, müssen nicht ständig gegossen werden, brauchen keine Stütze und sind weniger anfällig für Schädlinge oder Krankheiten.

Entscheidend sind die Lichtverhältnisse, die Bodenart, die Feuchtigkeit und der pH-Wert. Der pH-Wert eines Bodens – den man mit speziellen Testsets messen kann – beeinflusst die Verfügbarkeit wichtiger Nährstoffe und Spurenelemente. Auf einer Skala von eins bis vierzehn ist sieben neutral; Böden mit einem höheren Wert sind alkalisch, mit einem niedrigeren sauer. In Böden mit einem Wert von sechs bis sechseinhalb sind in der Regel alle Nährstoffe für Pflanzen normal verfügbar. Je niedriger der pH-Wert, desto größer ist die Gefahr eines Mangels an Stickstoff, Phosphor oder Kalium, bei den Spurenelementen können Schwefel, Calcium, Magnesium und Molybdän fehlen. Je höher der pH-Wert, desto schneller können Phosphor und Kalium sowie Eisen, Mangan, Bor, Kupfer und Zink fehlen. Wenn die Pflanzen nicht in der Lage sind, die notwendigen Nährstoffe aufzunehmen, treten Mangelerscheinungen auf und das Risiko für Krankheiten und Schädlinge wie Blattläuse steigt.

Es gibt Pflanzen, die einen sauren Boden brauchen, und solche, die einen alkalischen Boden bevorzugen. Viele sind relativ unempfindlich, solange es sich nicht um extreme Bodenverhältnisse handelt. Es gibt jedoch eine Pflanzenfamilie, die besondere Aufmerksamkeit verdient, und das sind die Heidekrautgewächse: Fast alle Gattungen, die zu dieser Familie gehören, benötigen einen sauren Standort mit einem pH-Wert unter 6,5. Ist der pH-Wert zu hoch, werden die Blätter gelb, da die Pflanze kein Eisen aufnehmen kann, das für die Entwicklung des Chlorophylls wichtig ist. Auch wenn z. B. Rhododendren über einen längeren Zeitraum mit kalkhaltigem Stadtwasser gegossen werden, das in der Regel einen höheren pH-Wert hat, verändert sich im Laufe der Jahre der pH-Wert im Boden und die Pflanzen bekommen mit der Zeit gelbe Blätter und können sogar absterben.

Inzwischen wird viel dazu geforscht, welche Pflanzen klimagerecht sind. Diejenigen, die mit der intensiven Hitze und Trockenheit zurechtkommen, haben dafür meist Probleme mit nasseren oder noch kälteren Wintern. Auch wenn wir seit mehreren Jahren keine harten Winter mehr hatten, kann es immer noch vorkommen.

Viele Pflanzen, die aus dem Mittelmeerraum stammen, haben hierzulande sicher eine Zukunft, aber längst nicht alle. Viele mediterrane Pflanzen haben eine andere Überlebungsstrategie als unsere einheimischen Pflanzen, die im Winter, während der dunklen, kalten Jahreszeit, ihre Wachstumspause einlegen. Mediterrane Pflanzen hingegen nutzen die nasseren Wintermonate zum Wachsen und machen ihre Pause im Sommer. Einige verlieren dann sogar ihr Laub oder ziehen sich völlig zurück. Was man nicht vergessen darf, ist, dass es zum Beispiel in Südfrankreich im Winter wesentlich mehr Sonne und länger Tageslicht gibt als bei uns. Im Norden Europas, und also auch bei uns, sind die Tage im Winter viel kürzer, und selbst wenn im Norden der Winter nicht so kalt ist, ist es meist oft bewölkt und viel feuchter.

Pflanzenexperten schauen sich daher seit mehreren Jahren die Vegetationen in anderen Regionen der Welt an, nämlich dort, wo das Klima mit Temperatur und Niederschlagsmengen dem ähnelt, das sich gerade in Mitteleuropa entwickelt, und testen, welche Pflanzen jetzt und in näherer Zukunft in unserer Klimazone zurechtkommen könnten.

Immer wieder höre ich, dass Kunden nur noch »einheimische« Pflanzen haben wollen, da diese überhaupt »besser« für unsere Fauna wären. In einer gesunden, perfekten Welt könnte das stimmen, aber leider ist ein großer Teil unserer einheimischen Vegetation auch vom Klimawandel betroffen, was sich gut beobachten lässt, wenn Sie durch die deutsche Landschaft fahren. Egal, wo ich unterwegs bin, sehe ich Bäume, die ums Überleben kämpfen. Entweder, weil es ihnen einfach zu trocken geworden ist (wie im Fall von Buchen und Birken), oder, weil sie durch die Extremwetterlagen so geschwächt sind, dass sie anfällig für Krankheiten und Schädlinge geworden sind. Zum Glück haben Forscher gezeigt, dass viele unserer Insekten sich auch über »exotische« Pflanzen und ihre Blüten freuen oder die Wählerischeren fähig sind, sich umzustellen und, zum Beispiel, statt auf unserer einheimischen Eiche (*Quercus robur*) zu leben, auch auf verwandten Sorten aus Südeuropa leben können. Auch unsere Vögel sind nicht abgeneigt, mal etwas Neues auszuprobieren: Ich beobachte mit Freude, wie die Meisen (und die Wespen!) den leidigen Buchsbaumzünsler, eine invasive Art, zum Fressen gernhaben.

Dazu kommt das Problem, dass unsere Fauna und Flora nicht mehr miteinander synchronisiert sind. Der Frühling beginnt inzwischen früher. Viele Pflanzen starten ihr Wachstums- und Blühprogramm mehrere Wochen früher als gewohnt. Auch Vögel fangen früher an zu nisten und ihre ersten Eier zu legen, auch wenn die Insekten, die sie zum Füttern der Jungen brauchten, noch nicht in den nötigen Mengen da sind, was zu Hungersnöten führen kann.

Freund oder Feind?
Tierische Helfer im Garten

Das Gärtnerleben erscheint oft als ein ewiger Kampf – nicht nur gegen das Unkraut, sondern auch gegen Schädlinge wie Schnecken und Blattläuse, gegen Krankheiten wie den Birnengitterrost, gegen Wetterereignisse wie Frost, Hagel oder Trockenheit, gegen diebische Vögel, die zur Erntezeit immer früher aufstehen als man selbst, gegen Wühlmäuse, die im Verborgenen die Wurzeln meiner Pflanzen zerstören, gegen Kaninchen und Rehe, die die jungen Triebe vernichten. Man könnte den Mut verlieren und aufgeben – aber das kommt gar nicht in Frage.

Stattdessen sollte man seine Einstellung überdenken und nicht mehr gegen die Natur kämpfen, sondern mit ihr zusammenarbeiten. Denn im Grunde gibt es für jedes Problem fast immer eine Lösung. Nur dort, wo wir die natürliche Ordnung nicht respektiert haben und Pflanzen, Insekten oder Krankheiten eingeschleppt haben, die bei uns invasiv geworden sind und keine natürlichen Feinde haben – wie zum Beispiel der Japanische Knöterich oder der Buchsbaumzünsler –, entstehen ernsthafte Schwierigkeiten. Wenn man so gärtnert, dass man im Garten eine große Vielfalt an Mitbewohnern hat, ist die Chance groß, dass jemand dabei ist, der einem zu Hilfe eilt. Mit die wichtigsten Helfer sind übrigens Vögel: Während der Brutsaison suchen sie nach Schädlingen wie Raupen und Blattläusen, und im Gegenzug durften sie sich im Hochsommer dann auch ruhig an meinen Himbeeren gütlich tun.

Der Staudenfenchel ist eine der wertvollsten Pflanzen, wenn es um die Beseitigung von unerwünschten Insekten wie Blattläuse geht. Die zahlreichen Blüten bieten sowohl Pollen als auch Nektar. Besonders Schwebfliegen sind gern gesehene Gäste, die sich nebenbei fleißig um die Blattläuse kümmern. Während der Herbst- und Wintermonate stürzen die Vögel sich auf die Samen, im Frühjahr auf Raupen und anderes Ungeziefer.

Nützlinge

Anstelle von umweltschädlichen Pestiziden gibt es ein wachsendes Sortiment an Nützlingen, die sehr gezielt gegen verschiedene Schädlinge eingesetzt werden können. Die Auswahl ist groß: Von Nematoden, die bei Ameisenplagen in Kübeln oder gegen kleine Nacktschnecken und Dickmaulrüssler eingesetzt werden, bis hin zu Marienkäferlarven, Raubwanzen und winzigen Wespeneiern, die bei der Bekämpfung von Blattläusen, Spinnmilben, Trauermücken und vielem mehr helfen. Sie können nur über das Internet bestellt werden, da sie »frisch«, zur richtigen Jahreszeit und unter den richtigen Witterungsbedingungen geliefert und sofort eingesetzt werden müssen.

Nicht alle Nützlinge sind mikroskopisch klein: Selbst größere Vögel wie die Eule und der Rotmilan waren gern gesehene Gäste in unserem Garten, denn sie sind immer auf der Suche nach kleinen Tieren wie Wühlmäusen. Ich habe mich auch sehr gefreut, als ich zum ersten Mal einen Igel im Garten grunzen hörte. Er hat die Hühner bei der Schneckenbekämpfung unterstützt.

Ich weiß, dass das Thema Katzen bei vielen Gartenbesitzern umstritten ist, und kann nur von meinen Erfahrungen berichten: Meine Katzen waren meist nachtaktiv und haben kleine pelzige Vierbeiner meist den gefiederten Zweibeinern vorgezogen. Selten haben sie einen Vogel mitgebracht, aber die Menge an Mäusen und jungen Kaninchen, die täglich bei der Haustür lagen, war schon sehr beeindruckend und hat wirklich einen Unterschied gemacht. Erst als die Katzen älter und nicht mehr so agil waren, bekamen wir Probleme im Garten: Vorne waren plötzlich die Wühlmäuse am Werk und hinten trauten sich die Kaninchen rein und knabberten die Präriestauden ab – nachdem sie sich das fünfzehn Jahre lang der Katzen wegen nicht getraut hatten.

Schädlinge: Dickmaulrüssler

Ein fieser Schädling ist der Dickmaulrüssler. Das sind matte, dunkelgraue Käfer mit einem langen Rüssel. Das eigentliche Problem sind seine kleinen weißen Larven im Boden. Im Spätwinter und Frühjahr fressen sie unter anderem unbemerkt an den fleischigen Wurzeln von Schlüsselblumen, Bergenien und Purpurglöckchen. Die erwachsenen Käfer knabbern Blattränder an und hinterlassen typische briefmarkenartige Vertiefungen. Sie sind nachtaktiv und wandern nicht weit. Am besten geht man abends mit einer Taschenlampe durch den Garten und sammelt sie vorsichtig ein (bei Bedrohung lassen sie sich schnell fallen!). Auch zu ihrer Bekämpfung gibt es hilfreiche Nützlinge wie zum Beispiel Nematoden.

Schnecken

Schnecken sind nach wie vor das größte Problem aller Gärtner. Sie bewegen sich am liebsten bei feuchter Witterung, nach dem Regen oder dem Gießen und am liebsten nachts, wenn die von den Pflanzen abgegebene Feuchtigkeit zwischen Laubdecke und Erdoberfläche hängen bleibt, anstatt sofort von

Wind und Sonne verdunstet zu werden. Regen kann man nicht steuern, aber beim Gießen hat man als Gärtner die Kontrolle. Wenn sie viel mit Schnecken zu kämpfen haben, dann gießen Sie nie abends, sondern nur in den frühen Morgenstunden und lieber durchdringend ein- oder zweimal pro Woche als jeden Tag. Ich sammle die Schnecken in der Dämmerung ab, besonders bei feuchtem Wetter. Jeder sollte mit ihnen so verfahren, wie er es verkraften kann: Egal, ob man sie irgendwo weit entfernt freisetzt oder ihnen nach dem Leben trachtet – man sollte wissen, dass Schnecken liebend gerne tote Schnecken fressen. Lassen Sie daher nie eine tote Schnecke an Ort und Stelle liegen, beziehungsweise falls doch, betrachten Sie sie als Köder für ihre Artgenossen und schauen Sie nach einer Stunde nochmal vorbei. Beginnen Sie diese abendlichen Rundgänge rechtzeitig in der Saison, nicht erst im Hochsommer, wenn die Schnecken sich schon reichlich vermehren konnten.

Schnecken sind übrigens nicht gleich Schnecken: Die große, rotbraune Spanische Wegschnecke ist ein großes Problem, aber der hellgraue, schwarz gemusterte Tigerschnegel frisst ihre Eier.

Wichtige Pflegemaßnahmen, die bei der Bekämpfung von Schädlingen helfen

- Das Laub im Herbst auf den Beeten liegen zu lassen oder mit Kompost zu mulchen, lädt Vögel wie die Amsel ein, darin nach Insekten zu suchen. Sie leisten damit einen wertvollen Reinigungsdienst.
- Wählen Sie eine große Vielfalt an blühenden Pflanzen, die über einen langen Zeitraum blühen, um eine möglichst große Bandbreite an Insekten zu bedienen. Achten Sie auch auf Pflanzen, die im Herbst und Winter Früchte tragen. Schneiden Sie Stauden nach der Blüte nicht ab, sondern lassen Sie sie stehen, damit sich Samen bilden können. Die Samenkapseln und Samenstände bieten im Winter einer Vielzahl von Insekten reichlich Überwinterungsmöglichkeiten und den Vögeln Futter. Zierapfel, Stechpalme, Efeu, Wilde Karde, Kugeldistel oder Rudbeckien sind nur einige der vielen wertvollen Pflanzen, mit denen man sich Tiere in den Garten holen kann.
- Der sommerliche Blüten- und Früchtereichtum zieht eine große Vielfalt an Vögeln und Insekten an, von denen viele, wie die Florfliege und die Schwebfliege und der Marienkäfer, sehr wertvolle Nützlinge sind. Auch die lästigen Wespen sind wichtige Nützlinge, die sich um Schädlinge wie den Buchsbaumzünsler kümmern. Ihre Arbeit wird fleißig unterstützt von Vögeln

wie den Meisen, die im Frühjahr ihre Brut füttern müssen. Dieses reiche Insektenleben sorgt auch dafür, dass Obst und Fruchtgemüse wie Tomaten, Bohnen, Auberginen und Gurken bestäubt werden und einen hohen Ertrag gewährleisten.

- Keine nackte Erde: Besser ist es, die Erde mit einer dichten Vegetationsschicht abzudecken, damit sie vor austrocknender Sonne und Wind geschützt ist. Im Herbst das Laub von Wegen und Rasen direkt unter die Gehölze harken, damit es an Ort und Stelle kompostiert werden kann.
- Die Bodenoberfläche so wenig wie möglich aus dem Gleichgewicht bringen. Jedes Mal, wenn der Boden umgegraben oder gehackt wird, kommen neue Unkrautsamen an die Oberfläche. Es zerstört auch die Bodenhierarchie und damit den natürlichen Kompostierungsprozess.
- Ein gesunder Boden führt zu kräftigen, gesunden Pflanzen, die besser gegen Schädlinge und Krankheiten gewappnet sind.

Wasser

Wasser ist ein komplexes Thema geworden. Die Wetterextreme, denen wir zunehmend ausgesetzt sind, erschweren das Gärtnern. Steigende Temperaturen, Perioden von außergewöhnlicher Trockenheit sowie extreme Regenfälle sind eine Herausforderung für die meisten Pflanzen. Die Natur leidet sehr unter diesen Extremen. Wo immer möglich, lohnt es sich, Regenwasser zu speichern. Unterirdische Tanks unter der Einfahrt oder Terrasse können das Regenwasser von den Dächern auffangen, das dann für die Bewässerung des Gartens genutzt werden kann. Eine Wassertonne am Gewächshaus oder Schuppendach speichert keine großen Mengen, sollte aber dennoch aufgestellt werden, denn jeder Tropfen zählt. Zudem ist Regenwasser gerade auch für Gewächshaus-, Kübel- und Jungpflanzen ideal.

Die richtige Pflanzenwahl

Der Wasserbedarf des Gartens kann stark reduziert werden, wenn die Pflanzenauswahl an den Standort angepasst ist. Wenn Gehölze und Stauden ausgewählt werden, die mit den vorhandenen Feuchtigkeits- und Bodenbedingungen zurechtkommen, sind sie wesentlich pflegeleichter. Sind sie erst einmal eingewachsen, muss in der Regel nicht mehr gegossen werden. Da man Pflanzen aber nicht immer nur mit dem Verstand, sondern manchmal auch mit dem Herzen kauft, gibt es meist doch einige Lieblinge im Garten, die einen höheren Wasserbedarf haben. Diese sollten jährlich gut mit Kompost gemulcht werden. Dadurch bleiben die Füße kühl, die Erde vertrocknet nicht so schnell, und mit der Zeit erhöht sich durch die organische Substanz im Boden seine Wasserspeicherfähigkeit. Denn wenn die Beete mit genügend Kompost versorgt sind, bleibt die Struktur des Bodens offen und krümelig, sodass Wasser besser eindringen kann. Hacken ist dann endgültig überflüssig.

Richtiges Gießen

Anstatt ein Beet regelmäßig gewissermaßen »vorbeugend« zu wässern, gieße ich nur dann, wenn ich merke, dass meine Pflanzen es brauchen. Das können einzelne Pflanzen sein, die mehr Wasser benötigen oder noch nicht so gut angewurzelt sind – dann bekommen auch nur sie Wasser mit der Gießkanne.

Es ist wichtig, sich Zeit zu nehmen und lieber einmal pro Woche gründlich zu gießen als häufig und dafür nur flüchtig. Und immer mit Bedacht und mit einem Aufsatz für die Kanne oder einem Gießstab am Gartenschlauch, damit möglichst regenähnliche Tröpfchen und kein harter, zerstörerischer Strahl auf die Erde treffen. Die Pflanzen zu »duschen« ist nicht hilfreich – auf den Blättern verdunstet das Wasser nur. Nahe am Wurzelbereich ist es am effektivsten, da kommt es an, wo es gebraucht wird.

Wenn das Wasser zu langsam in der Erde versickert und oberirdisch »abläuft«, pausieren Sie und wässern zunächst eine oder zwei weitere Pflanzen, bis Sie bei der ersten weitergießen. So können Sie die Pflanzen abwechselnd in drei, vier Schritten versorgen, bis alle ordentlich Wasser aufnehmen konnten.

Bei neu gepflanzten Gehölzen hilft es, einen Gießrand um den Wurzelbereich der Pflanze anzulegen. Durch diesen kleinen Erdwall kann das Wasser nicht wegfließen und versickert langsam im Wurzelbereich der Pflanze. Mittlerweile gibt es auch Bewässerungssäcke, die um den Stamm der Bäume gelegt und mit etwa siebzig Liter Wasser gefüllt werden. Das Wasser sickert dann in den nächsten sechs bis acht Stunden langsam in den Boden. Der Schnecken wegen gieße ich am liebsten in den frühen Morgenstunden. Wenn man am

Abend schon alles vorbereitet, muss man nur schnell aus dem Bett hüpfen und den Wasserhahn aufdrehen und die schöne Morgenstunde im Garten mit einer Tasse Kaffee in der Hand genießen.

Bewässerungsschlauch
Bei neu gepflanzten Hecken oder Gehölzpartien lohnt sich die Überlegung, einen Tröpfchen-Bewässerungsschlauch am Fuß der Pflanzen zu verlegen. Er kann, muss aber nicht an ein komplettes Bewässerungssystem angeschlossen sein, sondern kann auch einfach bei Bedarf am Wasserhahn angeschlossen werden. Dann tropft über eine gewisse Dauer nach und nach Wasser und befeuchtet so effizient den Wurzelbereich.

Gießen nach Regen
Ich gieße gerne gleich nach einem sommerlichen Regenschauer. Oft liefert der lang ersehnte Regenguss zu wenig Wasser für die Pflanzen. Ich nutze den aufgeweichten Boden und die höhere Luftfeuchtigkeit, um zusätzlich zu gießen, da ich immer den Eindruck habe, dass die Pflanzen nach dem Regen das Wasser wesentlich besser aufnehmen und das Gießen daher viel effektiver ist.

Prioritäten setzen
Wenn Wasserknappheit herrscht, ist es wichtig, Prioritäten zu setzen: Welche Pflanzen brauchen das kostbare Wasser wirklich? Allzu oft sehe ich Gärten, in denen Unmengen von Wasser auf Rasenflächen verschwendet werden, während die Bäume in der Nähe langsam vertrocknen und absterben. Da werden ganz klar falsche Prioritäten gesetzt: Ein Rasen ist im Notfall schnell neu angelegt, ein großer Baum erholt sich nur langsam, wenn überhaupt, und ist nicht so schnell ersetzt. Er braucht viele Jahre, um wieder so groß zu werden, dass er wieder einen Lebensraum für Vögel, Insekten und wertvolle Organismen bieten kann – ganz zu schweigen davon, dass er wichtigen Sauerstoff für uns produziert und Schatten spendet.

Wenn man Pflanzen im Garten hat, die jeden Sommer zu kämpfen haben, sollte man sich überlegen, sie durch weniger empfindliche Alternativen zu ersetzen. Bauernhortensien und viele Rhododendren sind zwei solche Beispiele – mit den heißen, trockenen Sommern, wie sie in den vergangenen Jahren unter anderem in Berlin geherrscht haben, kommen sie einfach nicht mehr zurecht.

Rasen
Rasen ist zu einem umstrittenen Thema geworden, weil er, wenn er kontinuierlich saftig grün aussehen soll, regelmäßig Wasser benötigt. Man kann aber auch noch andere Dinge beherzigen: Während längerer Trockenperioden ist es wichtig, den Rasen nicht so kurz wie üblich zu mähen und zudem das Schnittgut liegen zu lassen, damit er die Feuchtigkeit besser hält und länger grün bleibt. Doch selbst wenn er braun geworden ist, erholt er sich in der Regel erstaunlich schnell, wenn es endlich wieder regnet – es ist also eher eine »kosmetische« Frage, ob man ihn wässert oder nicht. Wenn Sie aufs Wässern partout nicht verzichten möchten, dann versorgen Sie die Rasenfläche lieber einmal pro Woche gründlich als täglich ein wenig. Stellen Sie ein kleines Gefäß auf den Rasen, bevor Sie den Sprenger anstellen, und lassen Sie ihn sprengen, bis darin zwei bis drei Zentimeter hoch das Wasser steht – so viel Wasser wird dann auch im Wurzelbereich der Soden angekommen sein. Ein Rasendünger mit Mykorrhizen kann den Graspflanzen zudem helfen, Grundwasser zu erreichen, an das sie ansonsten nicht rankommen würden.

Werkzeug

Gärtnern mit gutem Werkzeug macht Freude. Eine gute Schere, die schneidet und nicht »kaut«, ein Spaten, der gut in der Hand liegt – damit geht die Arbeit leichter von der Hand.

Es ist günstiger und nachhaltiger, Werkzeug von guter Qualität zu kaufen statt billigen Schrotts, der regelmäßig ersetzt werden muss und nur Frustration verursacht. Und es ist wichtig, ein Gerät vor dem Kauf in die Hand zu nehmen und zu fühlen, ob es bequem zu handhaben ist. Schöne Geräte machen sich auch gut auf einer Wunschliste: Freunde und Familie freuen sich, wenn sie zum Geburtstag oder zu Weihnachten etwas schenken können, das wirklich Freude macht und nicht ungenutzt im Schrank verschwindet.

Wie in der Küche gibt es auch im Garten immer mehr Geräte und Maschinen, die einem das Leben leichter machen sollen. Ehe man sich versieht, ist der

Schuppen mit Rasenmäher, Vertikutierer, Laubbläser/-sauger, Laubsammler, Heckenschere, Motorsäge, Kantenschneider, Häcksler, Mitteldruckreiniger, Bodenfräse und Freischneider gefüllt. Viele dieser Geräte werden nur wenige Male im Jahr benutzt und erledigen Arbeiten, die vermutlich genauso schnell und gut von Hand erledigt werden können. Für die wenigen Male im Jahr, die man einen Häcksler oder Vertikutierer braucht, ist es wesentlich billiger, eine gute Maschine zu mieten, die die Arbeit viel schneller und besser erledigt, als wenn man eine kaufen würde. Und sollten Sie doch elektrische Geräte anschaffen wollen, beachten Sie, dass heutzutage die meisten mit Akkus verfügbar sind und jeder Hersteller sein eigenes System hat. Entscheiden Sie sich daher für eine Marke, investieren sie in eine Ladestation und zwei oder drei Akkus, die dann in sämtliche Geräte passen und ausgetauscht werden können, wenn sie alle sind, ohne dass man die Arbeit unterbrechen muss. Sie sind wesentlich leichter und leiser als Maschinen mit Benzinmotor und weniger gefährlich, als mit einem Stromkabel zu hantieren.

Materialien

Je größer die bepflanzte Fläche in einem Garten ist und je weniger Baumaterialien wie Metall, Ziegel, Steine, Kies oder Beton in unsere Gärten gelangen, desto größer ist der Nutzen für die Natur. Jede Mauer oder gepflasterte Fläche, wie klein sie auch immer sein mag, hat im Verborgenen ein beträchtliches Fundament – Materialien, die auf Kosten der Umwelt gewonnen und transportiert wurden.

Erneuerbare Materialien

Baumaterialien auf pflanzlicher Basis sind keine neue Erfindung. Holz ist seit Jahrtausenden ein wichtiger Bestandteil von Gartenstrukturen. Für rustikale, einfache Strukturen wie Sichtschutzwände oder Zäune, Bögen und Rankhilfen können Sie Ihr eigenes erneuerbares Holz anbauen oder zumindest von lebenden Bäumen ernten. Traditionell stammt der größte Teil des Holzes, das in einem Haushalt verwertet wurde, von gestutzten oder geköpften Bäumen. Beim Stutzen wird ein Baum bis auf Bodennähe zurückgeschnitten, damit er von der Basis aus wieder austreiben kann. Diese Praxis ist bei Haselnüssen im-

Junge Weide ist sehr biegsam und flexibel und lässt sich gut formen, um wunderbare Strukturen daraus zu flechten. Falls die Triebe trocken und zu hart sind, einfach ein paar Tage im Wasser liegen lassen, dann sind sie wieder biegsam.

mer noch weit verbreitet. Wenn Sie einen Baum köpfen, schneiden Sie ihn ungefähr bis auf Schulterhöhe zurück, wie bei Kopfweiden. Je nach Verwendungszweck werden sie jährlich oder in einem längeren Zyklus geschnitten, damit das Holz dicker werden kann. Zum Flechten ist jüngeres Holz von ein oder zwei Jahren leichter zu verarbeiten, für die Herstellung von Werkzeugen und Möbeln, aber auch für Brennholz würde man sechs, sieben Jahre oder länger warten. Haseln können durch Abschneiden des gesamten Astwerks auf einmal oder durch selektives Herausschneiden der dickeren Stämme geschlagen werden, so dass eine kontinuierliche Versorgung gewährleistet ist. Wenn Sie Weiden für Konstruktionen wie Zäune, Lauben oder Skulpturen verwenden, müssen Sie sicherstellen, dass die Rinde am unteren Ende abgezogen ist oder die Enden in kochendes Wasser getaucht werden, um zu verhindern, dass sie Wurzeln schlagen und einen neuen Baum bilden; es sei denn, Sie möchten eine lebende Skulptur schaffen.

Wir hatten nicht damit gerechnet, dass wir so lange in Coleshill leben würden, sonst hätten wir bestimmt noch mehr Gehölze wie Kastanie, Hasel und Weiden gepflanzt, um reichlich Kaminholz ernten zu können.

Recycelte Materialien

Einen neuen Garten anzulegen oder einen Bereich des Gartens neu zu gestalten, ist immer aufregend. Die Versuchung mag groß sein, alte, vorhandene Materialien wie Pflastersteine oder Steine zu entsorgen, aber es ist durchaus möglich, sie auf die eine oder andere Art und Weise wiederzuverwenden. Wenn wir für unsere Kunden neue Gärten anlegen, suchen wir oft nach Wegen, vorhandene Materialien wiederzuverwenden. Wir empfinden das nicht nur als nachhaltig, sondern es gefällt uns auch, wenn ein Garten die Entwicklung eines Ortes über die Jahrzehnte nicht zu verleugnen sucht.

Hilfsmittel

Auch beim Gärtnern können wir vieles tun, um die Umwelt zu schonen. Im Bereich Gartenbedarf – Pflanzenstützen, Vliese etc. – werden viele Produkte aus Kunststoff oder Metall angeboten, doch für fast alles gibt es wesentlich nachhaltigere – und oft schönere – Alternativen.

Häufig werden Plastikbinder und -clips genutzt, um Pflanzen anzubinden – dabei geht es mit Bindegarn auf Pflanzenbasis, Bast oder Weidenruten ebenso gut. Diese traditionellen, natürlichen Materialien sind viel unauffälliger und fügen sich besser ins Bild ein. Sie zersetzen sich langsam und verlieren nach einigen Jahren ihren Halt. Genau deshalb greifen viele Gärtner lieber zu Kunststoff, auch wenn es nur für eine Saison ist, doch tatsächlich ist es genau diese Eigenschaft, die für die Gesundheit und das Wohlergehen einer Pflanze gewinnbringend ist: Mit jedem Jahr nimmt der Umfang der verholzten Stängel zu, und wenn eine Bindung zu eng wird, stranguliert sie langsam die Pflanze, indem sie den lebenswichtigen Saftstrom reduziert. Von der Optik von halb zerfallenen Plastikteilen, die man jahrelang in den Beeten entdeckt, mal ganz abgesehen.

Auch für Pflanzschilder kann man Holz verwenden. Das reicht, wenn das Schild nur eine oder zwei Saisons halten soll; wenn man einen Baum oder andere langlebige Pflanzen kennzeichnen will, braucht man etwas Dauerhaftes: Porzellan, Schiefer, Kupfer, Zink oder Aluminium, die alle robust und wiederverwendbar sind. Zum Beschriften ist meiner Erfahrung nach Bleistift am besten, da er nicht in der Sonne ausbleicht, wie es bei vielen anderen Stiften der Fall ist. Leider funktioniert er nicht auf allen Oberflächen wie z. B. Porzellan. Hier empfiehlt sich ein spezieller Lack- oder Fettstift.

Immer mehr Produkte werden aus abbaubaren Kunststoffen hergestellt, wie zum Beispiel Blumentöpfe und Plastikverpackungen. Man sollte allerdings berücksichtigen, dass diese Materialien in aller Regel Wärme benötigen, um sich zu zersetzen, sie brauchen die hohe Temperatur einer industriellen Kompostieranlage. Also ab damit in die Biotonne – der eigene Komposthaufen schafft das nicht.

Pflanzenfasern: Raffiabast und Jute

Schon in meiner Kindheit hatten wir immer ein dickes Bündel Raffiabast im Schuppen zum Anbinden von Pflanzen. Ich verwende die Bastschnüre auch gerne zum Binden von Blumensträußen, denn danach kann man den ganzen Strauß samt Band kompostieren. Die Faser ist eine Membran, die von der Blattunterseite einer bestimmten Palmenart aus Afrika gewonnen wird und damit gut kompostierbar ist.

Jute wird aus der einjährigen, bis zu drei Meter hohen Pflanze *Corchorus* gewonnen, einem Malvengewächs, das ursprünglich aus dem Mittelmeerraum stammt, aber vor allem in Indien und Bangladesch angebaut wird. Die Fasern werden zu Bindegarn gesponnen, das sich für viele Gartenarbeiten eignet. Aus Jute wird nicht nur Garn produziert, es wird auch zu Tuch für Säcke und Netze verarbeitet.

Wenn es nur für eine Saison ist, wie im Gemüsegarten, kann man statt eines Rankgerüsts auch Netze aus natürlichen Materialien wie Wolle oder Jute nutzen. Sie werden dann im Herbst zusammen mit den Pflanzenresten kompostiert.

Ich verwende gerne diese Naturmaterialien: Sie sind umweltfreundlich in der Herstellung und Entsorgung, sie schaden den Pflanzen nicht, und sie sind zudem schöner fürs Auge, weil sie sich gut in die natürliche Umgebung einfügen.

Überlegen Sie sich vor dem Kauf von Plastik- oder Metallbindern gut, ob sie diese wirklich brauchen.

IV. Schluss: Im Einklang mit der Natur

Cottage-Gärten sind eine sehr zeitgemäße, nachhaltige und sparsame Form des Gärtnerns. Sie ist aus dem Bedürfnis heraus entstanden, die eigene Familie mit simplen Mitteln aus lokaler Herkunft, mit einem sehr bescheidenen Budget zu ernähren – auch wenn es heutzutage meist nicht so sehr darum geht, sich komplett selbst zu versorgen, sondern eher darum zu wissen, was man wann isst, woher es kommt und wie es erzeugt wurde. Es geht mittlerweile auch darum, einen Ort zu schaffen, an dem man sich erholt.

Für viele von uns ist der Garten ein Ort, an dem wir unsere Freizeit verbringen oder sogar Urlaub machen. Wir können ihn gestalten und bepflanzen, wie wir wollen, und nutzen, wie und wann es uns passt. Ob wir nun Gemüse anbauen oder Dahlien, frische Kräuter oder Obst – es ist uns überlassen. Diesen Luxus hatten unsere Vorfahren nicht. Früher musste man gärtnern, um zu überleben.

Auf den ersten Blick führen wir, im Gegensatz zu den früheren Cottage-Gärtnern, ein sehr bequemes Leben mit vielen Vorteilen und einem materiellen Reichtum, den sich unsere Vorfahren nicht hätten vorstellen können. Wir leben in einer »mobilen« Welt wie keine Generation vor uns. Wir können selbst entscheiden, ob wir an dem Ort bleiben, an dem wir geboren und aufgewachsen sind, oder ob wir uns an einem ganz anderen Ort niederlassen. Wenn wir Lust auf einen Garten haben, suchen wir uns ein Haus mit Garten oder finden einen Kleingarten oder machen aus der Terrasse einen Kübelgarten.

Wir sind absolut frei darin, wie wir unsere Gärten nutzen und womit wir sie füllen. In unserer kommerziellen Welt steht uns alles zur Verfügung, für jedes Budget. Es gibt eine beträchtliche Anzahl von traumhaften Gärtnereien und Baumschulen, in denen wir alle Pflanzen kaufen können, die wir uns wünschen, aus allen Ecken der Welt. Gartencenter bieten alles rund um den Garten, vom Schlauch bis zur Schere, vom Kübel bis zur passenden Erde und Dünger, vom Rasenmäher bis zur Kelle. Im Baumarkt gibt es alles, was man braucht,

Dank einer stets wachsende Pflanzenvielfalt änderte sich die Dynamik im Garten von Jahr zu Jahr. Parallel dazu nahm die Vielfalt an Tieren, vor allem Insekten, die den Garten als Lebensraum nutzten, merklich zu.

um eine Mauer, eine Pergola oder eine Treppe zu bauen, ein Rankgerüst, einen Grill, einen Swimmingpool oder einen Teich anzulegen. Und was es dort nicht gibt, findet man bestimmt im Internet.

Die älteren Dorfbewohner von Coleshill hatten meist eine Bank vor ihrer Haustür, auf der sie abends nach dem Essen saßen, die letzten Sonnenstrahlen genossen und das Treiben um sie herum beobachteten. Ansonsten war der Garten nur zum Gärtnern da. Die nächste Generation traute sich, einen Tisch und Stühle zu kaufen, und genoss sonntags den Kuchen und den Tee im Grünen, vielleicht stellten sie sogar einen Liegestuhl auf.

Von da an wurde der Garten mit Gartenmöbeln ausgestattet und die Freizeit im Garten verbracht. Inzwischen sind die Gärten voll mit buntem Spielzeug, überdimensionierten Sitzgarnituren und Outdoor-Küchen, die höchstens ein paar Mal im Jahr genutzt werden, weil das Wetter nicht mitspielt und der Aufwand einfach zu groß ist. Es wird uns vorgegaukelt, dass dieser Materialismus wichtig für unsere Lebensqualität ist, dass wir nur mit der richtigen Ausstattung den Garten genießen und uns entspannen können. Dabei kann man gerade beim Gärtnern ohne all diesen Kram wunderbar zur Ruhe kommen: das Säen und Pikieren, das Pflanzen und Pflegen, das Beobachten, wie sich ein Bäumchen entwickelt, wie Pflanzen anwachsen und plötzlich eine Hecke bilden. Gärtnern hat mir persönlich viel Respekt und vor allem Geduld beigebracht. Das englische Sprichwort »All good things come to those who wait«, was übersetzt heißt: *Alles Gute kommt zu denen, die warten*, ist eine gute Lebensphilosophie. Doch man kann sich natürlich nicht einfach nur zurücklehnen und warten, man muss sich kümmern, aber das gehört dazu. Die liebevolle Pflege und Begleitung einer jungen Pflanze beim Wachsen ist vergleichbar mit der Zuneigung, die man seinem Kind schenkt. Ich bin immer wieder erstaunt, wie schnell Pflanzen zu geliebten Familienmitgliedern werden, und ehe man es sich versieht, kann das einst kleine Bäumchen wertvollen Schatten spenden, duftende Blüten hervorbringen, köstliche Früchte tragen und am Ende der Saison den Garten mit seiner Herbstfärbung schmücken. Und das alles nicht nur für mich, sondern auch für die nächsten Generationen.

Gerade in einer Zeit, in der wir alle uns fragen, was wir tun können, um unseren Beitrag zur Eindämmung der globalen Klimakrise zu leisten, könnte dieses Konzept Antworten liefern. Wir müssen uns nicht nur Gedanken machen über die Art und Weise, wie wir essen, wie wir uns fortbewegen, wie wir uns kleiden, sondern auch darüber, wie wir gärtnern, welchen positiven Beitrag wir als gärtnernde Menschen leisten können.

Diese Form des Gärtnerns ist auch gut für unsere mentale Gesundheit. In einer Zeit, in der sich das Leben immer mehr beschleunigt, haben wir oft die Kunst der Geduld, des Innehaltens vergessen. Junge Pflanzen zu pflegen, ihnen beim Wachsen zuzusehen und voller Vorfreude darauf zu warten, dass der Garten aufblüht und endlich Wirklichkeit wird, was man bei der Planung nur vor seinem inneren Auge gesehen hat, ist eine unglaublich befriedigende Aufgabe.

Ich habe das große Glück, schon als Kind das Gärtnern für mich entdeckt zu haben. Ich habe früh gemerkt, wie gut es mir tut, im Garten zu sein, sowohl körperlich als auch geistig. Die Natur zu beobachten und kennenzulernen und dabei einen großen Respekt vor ihr zu entwickeln, zu graben und buddeln, harken, schneiden, schnippeln, säen, pflanzen, jäten und ernten gehörten ganz selbstverständlich zu meiner Jugend. Immer wieder neue Pflanzen zu entdecken und alte, bekannte wie Familienmitglieder zu hegen und zu pflegen, gehörte damals wie heute zu meinem Leben. Die große Neugier auf Neues ist immer noch da, die Lust am Ausprobieren, am Experimentieren wird mich wohl nie verlassen.

Bei aller Freude erlebte ich auch immer wieder Enttäuschungen und Rückschläge. Ein Garten ist auch eine Schule der Demut. Denn die Natur gewinnt immer, egal wie groß oder klein der Kampf ist. Sie ist beeindruckend mächtig, aber auch klug und anpassungsfähig. Alles ist bis ins kleinste Detail entworfen und je mehr ich diese Details entdecke und verstehe, desto mehr wächst meine Achtung vor ihr. Die Natur hat nicht nur alles minutiös geplant, sondern auch wunderschön gestaltet. Nicht nur Blüten und Blätter sind schön, auch Knospen, Rinde, Früchte, Samen und sogar Wurzeln verdienen Aufmerksamkeit und genaue Betrachtung. Nichts ist dem Zufall überlassen, alles hat seinen Sinn. Solange wir nicht eingreifen, läuft alles wunderbar. Leider haben wir uns in zu vielen Bereichen schon zu sehr eingemischt, so dass unsere Ökosysteme aus dem Gleichgewicht geraten sind.

Die Natur steht nie still. Kein Garten ruht jemals. Die Pflanzen gedeihen und wachsen stetig. Sie werden höher, größer, säen sich aus und verschwinden manchmal wieder. Auch unsere Bedürfnisse ändern sich mit den Jahren und unsere Ideen entwickeln sich weiter. Die Gärten, die ich bepflanzen und pflegen durfte, waren schon immer ein wichtiges Experimentierfeld für mich – Orte, an denen ich neue Ideen und Pflanzen ausprobiere, die mir zuvor nicht vertraut waren. So kann ich beobachten, wie sie sich verhalten, wodurch sie sich auszeichnen und womit sie vielleicht zu kämpfen haben. Meine Gartenjahre in Coleshill waren eine wertvolle Schule für mich. Ich habe nicht nur viel über das Gärtnern auf Lehmboden gelernt und viele neue Pflanzen kennengelernt, sondern auch, was man mit ein wenig Geduld, einem eher bescheidenen Budget und ein wenig Einfallsreichtum erreichen kann. Und ich habe auch erfahren, dass Gärtnern Türen öffnen und Menschen zusammenbringen kann. Die gemeinsame Leidenschaft überwindet alle Barrieren und ermöglicht Freundschaften, die sonst nie entstanden wären. Gerade in unserer Gesellschaft, in der zunehmend Menschen von Einsamkeit betroffen sind, stiften das gemeinsame Gärtnern oder der Austausch darüber, Gespräche über den Zaun und das Tauschen von Pflanzen oft wunderbare Kontakte und neue Freundschaften.

Die Verwandlung nackter Erde in ein blühendes, lebendiges Paradies, in dem Pflanzen, Tiere und Menschen im Einklang miteinander lebten, geschah nicht über Nacht. Es dauerte einige Jahre, bis unser Garten sein eigenes, einigermaßen ausgeglichenes Ökosystem entwickelt hatte. Aber von Jahr zu Jahr sahen wir deutlicher, dass wir den richtigen Ansatz für den Garten gewählt hatten. Er war keine makellose, unkrautfreie Fläche mehr. Die Äpfel sahen nicht mehr alle aus wie im Katalog, es gab schon die eine oder andere Einstichstelle vom Apfelwickler. Und die Erdbeer- und Himbeerernte teilten wir gerne mit den Vögeln und anderen hungrigen Mitbewohnern. Der Garten war im natürlichen Gleichgewicht und entwickelte seinen Charakter. Die Bäumchen wurden zu schattenspendenden Bäumen, die Hecken bekamen eine Fülle, in der sich Vögel bei Gefahr verstecken konnten. Sie formten eine großartige Kulisse, vor der das ständig wechselnde Blumenspektakel stattfinden konnte. Obwohl diese Aufführung von und für uns Menschen orchestriert war, hatte ich oft das Gefühl, dass die Hauptpersonen in Wahrheit die vielen anderen Lebewesen in unserem Garten waren, deren Zahl ständig wuchs.

Was ich an meinem Berliner Stadtleben am meisten vermisse, ist der wertvolle Kontakt zur Natur. Oft wurde ich gefragt, ob ich in Coleshill nach zwanzig Jahren die Schönheit um mich herum überhaupt noch wahrgenommen habe. Ja, antworte ich jedes Mal, jeden Tag. Jede Jahreszeit kommt mit ihrer eigenen Schönheit und ihrer ganz individuellen Atmosphäre, mit ihren eigenen Markierungen, die mir sagen, wo wir uns auf der »Jahresuhr« befinden. Es hat mit Licht und Schatten zu tun, mit dem Stand der Sonne am Himmel und der Länge der Tage, mit dem, was sich in der Vegetation tut, mit dem Gesang der Vögel, mit Gerüchen und Geräuschen der Natur. Es dauert eine Weile, bis man sich auf den beruhigenden Jahresrhythmus der Natur einstellt und lernt, einfach entspannt mitzuschwingen. Von Jahr zu Jahr erkennt man die Signale besser und das Miteinander wird enger und behaglicher, wie in einer alten Ehe. Ich freue mich auf die wiederkehrenden Höhepunkte, die jede Saison mit sich bringt – seien es die ersten Schneeglöckchen, die ersten Erbsen, die Nachtigallen, die die Nacht mit ihrem betörenden Gesang erfüllen, während in den Parks der Flieder die Luft mit seinem köstlichen Duft erfüllt. In den heißen Sommermonaten im Gemüsegarten zu entscheiden, was es am Abend zu essen gibt, oder im Herbst nach neuen Rezepten für die vielen Äpfel zu suchen, die das Lager füllen. Im Spätsommer die Frühlingszwiebelbepflanzung zu planen und die Zwiebeln zu bestellen. Das Geräusch des Herbstlaubes im Wald, der Geruch des Kaminfeuers. Die ungemütlichen Wintermonate am Kamin mit Notizbuch, Gartenfotos der vergangenen Saison und den Katalogen zu verbringen, um neue Pläne für die kommende Saison zu schmieden. Spätestens zu Beginn des Jahres mache ich einen Zeitplan: Was soll neu gepflanzt, gesät, umgesetzt, geschnitten oder gefällt werden? Welches Gemüse soll als Jungpflanze gekauft, welches aus Samen gezogen werden? Ich erstelle Pflanzlisten und bestelle Saatgut und träume von makellosem Gemüse, üppigen Beeten, duftenden Blumensträußen und sonnigen Tagen im Garten.

An einem letzten Wochenende im Januar 2008 fuhr ich mit Thea, unserer geschätzten Chefgärtnerin der Gartenakademie, von Berlin nach Coleshill, um den Garten für den Umzug vorzubereiten: Ich wollte nicht nur den mir lieb gewordenen Inhalt des Schuppens wie Töpfe, Werkzeuge und den Rasenmäher mitnehmen, sondern auch einige besondere Pflanzen, an denen mein Herz hing. Der Abschied fiel mir nicht leicht, aber es war tröstlich, einige der mir lieb gewordenen Pflanzenfreunde aus unserem Paradies mitnehmen zu können.

Beim Graben in den verschiedensten Ecken wurde ich ein letztes Mal mit all den kleinen und großen Schwierigkeiten konfrontiert, die jeder Garten hat, Problemstellen, die wahrscheinlich keinem unserer Gartenbesucher jemals aufgefallen sind, mir aber immer ein Dorn im Auge waren, wie die ausläuferbildende Rose, die selbstaussäende Wiesenraute, die hartnäckige Winde. Und spürte Erleichterung darüber, dass ich mich künftig damit nicht mehr herumschlagen musste. Ich war froh, all das los zu sein, und ich muss zugeben, es hat den Abschied leichter gemacht.

Am letzten Abend, als die Dämmerung schon fast hereingebrochen war und alles gepackt und bereit zur Abreise, saß eine Eule oben auf dem Strommast im Garten und schaute mit ihrem ruhigen, weisen Blick zu uns herüber.

Es war wie ein Dankeschön für fünfzehn schöne Jahre, für den opulenten Garten voller Leben. Es war ein ganz besonderer und unvergesslicher Abschied.

Dank

Nach der Veröffentlichung meines ersten Buches, *Die sieben Jahreszeiten*, im Frühjahr 2022 vermisste ich das »Pingpong« mit meiner Agentin und meiner Lektorin, mit denen ich mir über viele Wochen hinweg die Texte hin- und hergeschickt hatte. Als ich den beiden von unserem ehemaligen Cottage-Garten in Coleshill erzählte und davon, wie nachhaltig und damit zukunftsweisend ich diese traditionelle Gartenform finde, entstand die Idee, daraus ein Buch zu machen. Ich begab mich also gedanklich wieder in diesen herrlichen Garten, den ich vor dreißig Jahren mit meiner Frau angelegt und fünfzehn Jahre lang gehegt und gepflegt hatte, schwelgte in Erinnerungen, suchte Fotos heraus, und das »Pingpong« begann von neuem. Es war wieder einmal eine große Freude, so eng mit diesem Dreamteam zusammenzuarbeiten. Ich danke meiner Agentin Nina Sillem, die mir geholfen hat, das Buch zu strukturieren, und die sich unermüdlich durch meine alles andere als perfekte deutsche Grammatik gekämpft hat. Und ich danke Katharina Dittes, meiner geduldigen Lektorin, die den Text in Form brachte und ihm den letzten Schliff gab, sowie dem ganzen Team vom Suhrkamp/Insel Verlag, das liebevoll aus Texten, Bildern und Illustrationen ein schönes Buch gemacht und in die Welt gebracht hat.

Die wunderbaren Illustrationen stammen von der begabten Künstlerin Polly Wickham, die seit fünfundzwanzig Jahren die traumhaften Gartenpläne und Skizzen für die Anlage der Gärten unserer Kunden anfertigt. Polly hat einen großen Teil ihres Lebens in Coleshill verbracht und kannte unseren ehemaligen Garten sehr gut. Zusammen haben wir dort viele Drinks, Abendessen und Partys genossen und das Leben im Garten zelebriert. Es war mir wichtig, ihre traumhaften Illustrationen in mein Buch einzubeziehen.

Ein besonderer Dank geht schließlich an unsere wunderbaren ehemaligen Nachbarn, die sich nicht nur in unserer Abwesenheit um die Katzen und den Garten, sondern auch um uns gekümmert haben. Ohne sie wären wir nicht in der Lage gewesen, unsere Karrieren zu verfolgen und die Königliche Gartenakademie zu entwickeln. Ich danke euch allen.

Dieses Buch wäre nie entstanden ohne Gabriella. Gemeinsam verbrachten wir in Coleshill fünfzehn Jahre damit, mit Begeisterung zu experimentieren und diesen ganz besonderen Garten zu gestalten. Wenn ich jetzt, so viele Jahre später, über den Garten in all seinen Einzelheiten nachdenke und mir die Hunderte von Dias und digitalen Fotos ansehe, wird mir bewusst, wie besonders er war, und vor allem, wie schön er war. Ich danke dir für diese unvergesslichen Jahre.